AF591763

BIBLIOTHÈQUE DES ACTUALITÉS INDUSTRIELLES. N° 29.

MANUEL PRATIQUE

DU

DRAINAGE

DES TERRES ARABLES

PAR

ALBERT LARBALÉTRIER

Ingénieur-agronome,

Professeur à l'École d'agriculture du Pas-de-Calais

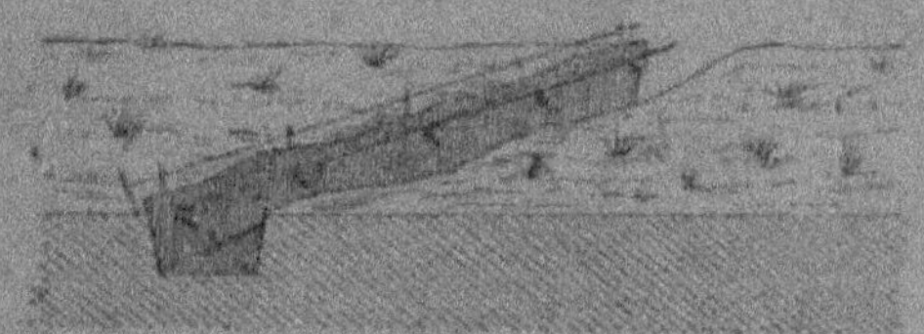

AVEC 29 FIGURES DANS LE TEXTE

PARIS

BERNARD TIGNOL, ÉDITEUR

45, QUAI DES GRANDS-AUGUSTINS, 45

MANUEL PRATIQUE

DU

DRAINAGE

DES TERRES ARABLES

Plan d'un drainage (*Tracé graphique*).

——— Drains d'assèchement.
━━━ Drains collecteurs.
⊃— B Bouche de décharge.
◎ Regard.
.... Courbes de niveau.

BIBLIOTHÈQUE DES ACTUALITÉS INDUSTRIELLES. N° 29

MANUEL PRATIQUE

DU

DRAINAGE

DES TERRES ARABLES

PAR

ALBERT LARBALÉTRIER
Ingénieur-agronome,
Professeur à l'École d'agriculture du Pas-de-Calais

PARIS
BERNARD TIGNOL, ÉDITEUR
Acquéreur des publications scientifiques, industrielles et agricoles de la maison Eugène Lacroix
45, QUAI DES GRANDS-AUGUSTINS, 45

1890

MANUEL DU DRAINAGE

PRÉFACE

Lorsqu'une terre arable pèche par un excès d'humidité, qui toujours entraîne sa stérilité plus ou moins complète, il y a deux moyens d'y porter remède : 1° *Assainir* le terrain si l'excès d'humidité est peu considérable 2° *Drainer* le champ, si l'eau surabonde outre mesure. Cette simple remarque nous conduit à définir les deux termes qui viennent d'être employés.

Assainir un champ, consiste à évacuer les eaux au moyen de rigoles ouvertes.

Drainer un champ consiste à enlever les eaux surabondantes par l'emploi de tuyaux souterrains ; ce perfectionnement qui rend à la production agricole la surface occupée par les fossés béants, n'est pas récent ; les anciens le pratiquaient, mais l'emploi des tuyaux en poterie, qui constitue pour ainsi dire la caractéristique du *drainage* moderne est d'invention récente ainsi qu'on peut le voir dans le premier chapitre de ce livre.

Le *drainage* a été inventé en Angleterre, son nom l'indique suffisamment, il dérive du verbe anglais *to drain*, qui signifie *égouter, dessécher par le moyen de conduits souterrains.*

Le drainage constitue une invention véritablement merveilleuse qui a rendu très productives des terres qui,avant son application.étaient stériles et malsaines. Pendant très longtemps, ou plutôt depuis son invention jusque dans ces derniers temps, les agriculteurs ont fait drainer leurs terres par des ingénieurs ; il existe même en Allemagne des ingénieurs spécialistes qui ne s'occupent que de drainages et d'irrigations.

Depuis quelques années, cette manière de faire tend à disparaître en France, où les cultivateurs, tout au moins bon nombre d'entre eux,exécutent leurs drainages eux-mêmes. C'est là un progrès croyons-nous, à la condition toutefois que le drainage soit bien exécuté ; cette substitution de l'agriculteur à l'ingénieur est motivée par deux faits : d'abord les progrès de 'enseignement agricole qui fait aujourd'hui des agriculteurs instruits et capables, en second lieu, la crise que traverse l'agriculture et qui fait qu'elle cherche à s'affranchir de toute dépense non absolument indispensable.

C'est en raison de cette tendance, que nous avons

cru utile de publier ce traité, surtout rédigé en vue des besoins de la pratique.

Dans la rédaction de ce traité, nous n'avons pas voulu nous en tenir à nos observations personnelles, nous avons eu recours à quelques ouvrages spéciaux, notamment aux travaux de MM. Hervé Mangon, Hielmann, Leclerc, Laffineur etc. qui peuvent être considérés comme de véritables classiques. Ces ouvrages nous ont été d'un grand secours; il résulte de cette collaboration que si l'on se conforme aux instructions que contient ce livre et qui pour la plupart ont été scrupuleusement vérifiées, on se tirera fort bien d'une entreprise de drainage ordinaire, et ce n'est qu'à titre exceptionnel qu'il faudra recourir aux conseils d'un homme du métier. Nous avons cru utile, indispensable même de compléter le texte explicatif et de le rendre plus clair en l'accompagnant de gravures qui toutes ont été spécialement dessinées pour cet ouvrage. Elles sont dues au crayon de l'auteur et de M. Reboul, un de nos élèves de l'Ecole d'agriculture de Berthonval.

Eviter à l'agriculteur les frais que nécessitent l'intervention d'un ingénieur-draineur en le mettant à même d'exécuter non-seulement les travaux, mais le plan du drainage, tel a été notre but ; si nous sommes parvenus à l'atteindre, nous nous considérerons comme satisfait.

A. L.

CHAPITRE Ier

HISTOIRE ET UTILITÉ DU DRAINAGE

I. Assèchement des terres chez les anciens. — Olivier de Serres. — Invention du drainage en Angleterre.

II. L'eau et la végétation. — Les eaux surabondantes. — Origine des eaux surabondantes. — Terres ayant besoin d'être drainées. — Caractères extérieurs. — Caractères fournis par la végétation. — Manière de reconnaître à quelle cause est due l'humidité.

Considérations historiques.

L'art d'assécher les terres au moyen de fossés béants se perd dans la nuit des temps ; vouloir préciser sur ce fait serait impossible, et d'ailleurs peu utile ; nous dirons seulement que les Romains connaissaient ce mode d'assainissement. Caton, Varron et Virgile en parlent couramment. Columelle, qui vivait sous le règne d'Auguste et de Tibère, est le premier auteur qui parle des rigoles souterraines et qui de ce fait se rapproche du véritable drainage. Voici comment il s'exprime : « Si le sol est humide, il faudra faire des fossés pour le désécher, et donner de l'écoulement aux eaux. On connait deux sortes de fossés : ceux qui sont cachés et ceux qui sont larges et ouverts,... On fera pour les fossés cachés des tranchées de trois pieds de profondeur que l'on remplira jusqu'à moitié de petites pierres ou de gravier pur, et l'on recouvrira le tout avec la terre tirée du fossé. Si l'on n'a ni pierre ni gravier, on formera, au moyen de branches liées ensemble, des fascines auxquelles on donnera la grosseur et la capacité du fond de la tranchée, et qu'on disposera de manière à remplir ce vide. Lorsque les fascines seront bien enfoncées dans le fond du canal, on les recouvrira de feuilles de cyprès, de pin, ou de tout autre arbre, qu'on comprimera fortement, après avoir couvert le tout avec la terre tirée des fossés ; aux deux extrémités, on posera, en forme de contre-forts, comme cela se pratique pour les petits ponts, deux grosses pierres qui en porteront une troisième, le tout pour consolider les bords du fossé, et favoriser l'entrée et l'écoulement des eaux. »

Palladius, venu longtemps après Columelle, parle dans le même sens. Ce procédé fut longtemps appliqué. Olivier de Serres en 1600, et un auteur anglais, Walter Bligh en 1650, le conseillent fortement et le décrivent avec bon nombre de détails. A la fin du siècle dernier, un cultivateur anglais, Elkington, fermier du Warwickshire, perfectionna un peu la méthode de Bligh et d'O. de Serres, simplement en ce sens que les eaux captées n'étaient pas conduites à l'aide de fossés mères en dehors du champ, elles étaient perdues dans des couches perméables inférieures, ou bien prises par un forage s'enfonçant jusqu'au terrain absorbant, ou bien enfin, il laissait remonter les eaux en certains endroits à la manière des puits artériens, à l'aide de sondages convenablement placés. Mais tout ce qui précède n'est pas encore le véritable drainage. Cependant en 1810, un grand progrès fut réalisé, par sir James Graham à Netherby dans le Cumberland : il remplaça les anciens matériaux employés dans les tranchées souterraines par des tuiles plates et creuses, — une tuile creuse et une tuile plate pour semelle, avec une petite quantité de pierres. — Pendant une trentaine d'année, ce drainage en tuiles, le *tile-drainage*, fut seul appliqué sur les terres humides de l'Angleterre. On se mit alors à faire des machines pour remplacer la main de l'homme dans la fabrication des tuiles. En 1842, Irving inventa la première machine moulant à la fois des tuiles creuses et des tuiles plates. Un grand nombre suivirent, lorsque John Read pensa que faire des tuyaux de deux pièces était évidemment s'imposer un double soin inutile, il leur substitua des tuyaux cylindriques. Ceci se passait vers 1843. Ce fabricant, par conséquent, suivant la remarque de M. J. A. Barsal, a ajouté aux anciens procédés de drainage le dernier perfectionnement qui donne à cette méthode d'assainissement des terres son cachet actuel.

Cette découverte fut discutée avec ardeur, et aussi il faut le dire, fortement encouragée. Mais elle ne pénétra en France que vers 1846. Ce fut M. du Manoir qui le premier appliqua sur sa propriété de Forges près Montereau (Seine-et-Marne) un essai de drainage par les tuyaux en poterie, et cela grâce à M. Thackeray qui en fut l'importateur et qui mit une grande persévérance à faire connaître dans notre pays les meilleurs procédés employés en Angleterre pour exécuter les travaux de drainage (1).

Le rôle de l'eau dans les terres arables.

L'eau et la végétation. — Sans eau, pas de végétation possible, et point n'est besoin d'insister longuement sur ce

(1) Néanmoins, il résulte d'une lettre écrite le 25 juillet 1852, au rédacteur en chef du *Journal d'agriculture pratique*, par M. G. Hamoir, que l'emploi des tuyaux de drainage date de beaucoup plus loin et qu'ils étaient employés dès 1620, ainsi qu'il résulte de découvertes faites dans un ancien couvent des environs de Maubeuge. Donc, les anglais ont montré l'importance de l'emploi des tuyaux et les ont fabriqué mécaniquement, mais l'invention en elle-même est, en fait, d'origine française.

fait, il suffit de rappeler que les déserts qui sont complètement dépourvus d'eau sont d'une stérilité absolue, tandis que sur certains point où l'eau souterraine parvient à se faire jour, la végétation se montre et cette surface fertile perdue au milieu de la plaine de sable, constitue l'oasis. C'est donc là un fait bien constaté, l'eau est indispensable aux végétaux. Mais quelle est son action ? Comment agit-elle ? Son rôle est multiple : d'abord, elle constitue en elle-même un aliment pour les plantes, puisque la plus grande masse des végétaux est constituée par elle. C'est ainsi que 100 k. d'herbe de prairie, renferment 79 k. d'eau ; 100 k. de trèfle en contiennent 80 ; même les matières végétales en apparence les plus riches renferment des quantités d'eau considérables ; le foin en contient de 15 à 16 p. °/₀ ; — la paille de blé 15 p. °/₀ ; le blé en grains 14 °/₀. Enfin les plantes racines en renferment des quantités énormes : la betterave fourragère contient 88 °/₀ de son poids d'eau ; les navets 91 °/₀ ; la pomme de terre 75 °/₀ ; etc. Mais l'eau joue encore un autre rôle dans la nutrition des plantes : celles-ci renferment également des composés chimiques immédiats, pour la plupart ternaires, c'est-à-dire formés de carbone, d'hydrogène et d'oxygène ; or, tandis qu'on peut admettre que le carbone et l'oxygène sont puisés dans l'atmosphère par les parties aériennes des plantes, l'hydrogène lui, ne peut provenir que de l'eau qui est décomposée dans la plante. Mais ce n'est pas tout : les plantes ne prennent pas seulement leurs aliments dans l'atmosphère, elles en prennent aussi une grande partie dans le sol, et ceci est si vrai, que nous sommes obligés de leur fournir ces aliments sous forme d'engrais ; les parties essentiellement nutritives des engrais sont l'azote, l'acide phosphorique et la potasse, substances qui ne peuvent pénétrer dans la plante qu'à la faveur de leur dissolution dans l'eau, et la meilleur preuve c'est qu'on juge de la valeur d'un engrais quelconque, de son assimilabilité, par sa solubilité plus ou moins immédiate dans l'eau ; d'ailleurs, c'est grâce à l'humidité que les matières organiques qui existent dans la terre et dans les engrais, peuvent subir les décompositions par lesquelles elles se transforment en aliments pour les plantes.

Du degré d'humidité que doit renfermer le sol. — Nous avons vu, par les quelques chiffres précédemment cités, que les plantes ne renferment pas toutes la même quantité d'eau ; elle varie avec leur nature, leur degré de développement ainsi qu'avec le clinat et le sol. D'après cela, il est facile de comprendre qu'il est absolument impossible de la déterminer d'une manière rigoureuse, et cela d'autant plus que les plantes absorbent beaucoup plus d'eau qu'elles n'en ont besoin pour organiser leurs tissus, puisqu'elles en évaporent des quantités prodigieuses. Mais il faut remarquer aussi que si, d'un côté, l'eau est indispensable à la végétation, de l'autre, le degré d'humidité du sol ne peut s'élever au-delà d'une certaine limite sans que la fertilité en souffre. Quand cette limite est dépassée, lorsque la terre renferme, soit continuellement, soit pendant une certaine partie de l'année seulement, une quantité d'eau trop abondante, il se produit une série de phénomènes qui ont pour effet de contrarier la croissance des plantes et d'empêcher leur développement.

Il est facile de déterminer le point à partir duquel la terre devient trop humide pour la plupart des végétaux cultivés.

Il entre dans la composition des terrains cultivables, fait observer M. Leclerc, plusieurs substances d'espèce différente, parmi lesquelles l'argile, le calcaire et l'humus ont la faculté d'absorber et de retenir dans leurs pores une quantité d'eau plus ou moins forte, suivant leur nature ; quand, d'un autre côté, on considère le sol au point de vue de sa constitution mécanique, on trouve qu'il est formé d'un nombre infini de particules, de formes et de dimensions très-variables, depuis les grains du sable grossier que l'on distingue aisément à l'œil, jusqu'aux parties tenues et impalpables qui composent les argiles. Ces particules élémentaires, agglomérées ainsi qu'elles le sont dans la terre, laissent entre elles des vides que nous appellerons *interstices* pour les distinguer de ceux qui existent dans les particules elles-mêmes et que nous nommerons *pores*. D'après cela, le sol peut être assimilé à une masse poreuse, que traversent d'innombrables petits canaux sinueux, formés par la réunion des interstices qui séparent ses particules élémentaires. Lorsque la pluie tombe sur un terrain sec constitué comme nous venons de le dire, elle pénètre d'abord dans les interstices ; mais ces parties du sol qui peuvent absorber une certaine quantité d'eau s'en emparent immédiatement, et les petits canaux dans lesquels la pluie avait d'abord pénétré, sont, par ce moyen, promptement vidés. De cette façon, il peut se faire qu'après l'addition d'une notable quantité de liquide, la terre, considérée dans son ensemble, n'ait point perdu sa porosité, bien que la plupart ou la totalité des particules dont elle est formée, prise isolément, aient leurs pores tout à fait remplis d'eau. Dans ces conditions, la terre s'égrène dans la main sans la maculer, mais en lui faisant éprouver une sensation très distincte de la moiteur fraîche, et si on la chauffe à la température de 100 degrés du thermomètre centigrade, elle perd une quantité d'eau qui varie de 15 à 23 p. °/₀ de son poids. Cet état du sol, que nous caractériserons par le nom de *moiteur*, est celui qui convient le mieux à la végétation.

Si une nouvelle quantité d'eau tombe sur un sol moite, c'est-à-dire sur une terre dont les particules élémentaires sont saturées d'humidité, le liquide devra se loger encore dans les interstices, sans que ceux-ci puissent se vider de la même manière que précédemment, et il en résultera que la constitution mécanique du sol sera profondément altérée, puisqu'il aura perdu entièrement sa porosité.

Nous nommerons terre *humide* celle dans laquelle tous les interstices sont remplis de liquide et qui, par conséquent, n'est plus perméable à l'air. Dans de telles conditions, le sol renferme une quantité trop abondante d'humidité, et si, par l'effet d'une cause quelconque, cet état se prolonge durant un certain temps, il compromet la croissance et le développement de toutes les plantes utiles.

L'eau, dont l'existence dans le sol est un fait nécessaire, n'est donc salutaire à la végétation que pour autant qu'elle n'altère point complètement la constitution mécanique du terrain ; toutes les fois qu'elle séjourne dans celui-ci en assez grande abondance pour le saturer, pour en remplir tous les interstices, elle produit au contraire des effets nuisibles.

Origine des eaux surabondantes. — La surabondance de l'eau dans un sol reconnaît deux causes principales :

1° L'existence d'un sous-sol qui contient beaucoup de sources.

2° La nature même du sous-sol que l'eau ne peut pénétrer, et dans ce cas, cela va sans dire, le régime pluviométrique du pays doit être pris en considération. Dans les terrains où se trouvent beaucoup de sources, l'eau est refoulée en haut et cherche à trouver une issue. Alors la terre reste humide, quelque temps qu'il fasse. Les choses se passent autrement, lorsqu'il s'agit d'un sous-sol imperméable, quoique tous les ouvrages sur l'agriculture en parlent et propagent cette opinion. Tout le monde sait que la qualification *d'imperméable* s'applique à une matière argileuse, grasse et collante ; et cependant cette qualification est inexacte. Chaque espèce de terre, l'argile, la glaise, quelque grasse qu'on la suppose, est parfaitement perméable par sa nature ; mais elle devient imperméable, lorsqu'elle est saturée d'eau et que la pression de l'eau qui s'opère dans le sous-sol empêche l'eau qui se trouve au-dessus de la couche argileuse de pénétrer plus profondément. Un morceau d'argile à l'état sec s'imbibe parfaitement d'eau et l'eau le traverse pour humecter la couche d'argile ou de toute autre terre qui se trouve au-dessous. Mais si, au contraire, la surface argileuse repose sur un fond d'eau, la pression de l'eau étant plus forte, l'écoulement ne peut plus se faire.

C'est par cette raison que tout sous-sol deviendra pénétrable, si l'eau qui s'y trouve, et qu'on appelle *eau souterraine*, peut s'écouler, et si l'on pose des tuyaux à cet effet, il devient peu important de distinguer sur quelle espèce de terre on fait l'opération, si elle se compose d'argile, de glaise, de marne, de sable ou de toute autre matière. En effet, toutes ces espèces de terre deviennent pénétrables si l'on écarte l'eau souterraine. C'est donc à tort que beaucoup d'agriculteurs font grand cas du procédé qui consiste à percer la couche d'argile en posant les tuyaux ; et que d'autres suivent le système qui consiste à enfouir profondément les tuyaux dans l'argile.

Il est évident que si les sources ne peuvent être considérées comme la cause de l'humidité du terrain, il faut l'attribuer à l'action de l'eau souterraine qui tantôt remonte à la surface du sol et tantôt redescend. Ordinairement l'eau souterraine redescend profondément vers la fin de l'été ; elle remonte en autonne, et elle parvient en hiver à sa plus grande hauteur ; toutefois cela n'arrive qu'au printemps quand l'hiver est froid. Lorsque l'humidité produite par l'hiver et le printemps pénètre dans le sol et se réunit à l'eau souterraine, le terrain sujet à cet inconvénient n'est pas susceptible de culture de printemps ; les semailles d'autonne n'y réussissent pas et même les fruits de la saison d'été ne font pas espérer d'abondance.

Si l'on fait les semailles en automne, les racines nagent pour ainsi dire dans l'eau ; la plante est chargée d'eau, elle jaunit, et il arrive assez souvent qu'elle périt tout-à-fait. Si la plante parvient à étendre ses racines dans une couche de terre assez sèche au-dessous de la surface, elle vit, mais elle souffre : elle reste petite et chétive et elle ne promet qu'une récolte très inférieure. D'après ce qui a été dit jusqu'ici, il n'est plus douteux que l'eau, qui porte un si grand préjudice aux terres *humides*, n'est pas l'eau produite par l'humidité atmosphérique, mais que c'est tout simplement l'*eau souterraine*, ou, pour mieux dire, l'eau du sous-sol. Faire écouler cette eau, tel est le but du drainage. L'eau provenant de l'atmosphère, loin d'être nuisible, est au contraire utile ; car elle entretient à la surface des champs une humidité nécessaire qui, soumise à une certaine chaleur, pénètre dans la terre et l'empêche ainsi de se refroidir. Tandis que, d'après ce que nous avons vu plus haut, il arriverait régulièrement que l'eau déposée à la surface se réunirait avec l'eau plus froide du sous-sol, ici, au contraire, l'eau se trouvant en contact avec l'air et soumise à une température plus élevée est d'une influence favorable sur les plantes.

Il résulte clairement de ce que nous venons d'exposer, que l'eau du sous-sol est nuisible et qu'il faut la faire écouler. Tout le monde comprendra que le résultat sera d'autant plus efficace que les tuyaux seront posés à une plus grande profondeur.

S'il est vrai que l'eau du sous-sol agit d'une manière si fâcheuse sur les terres humides, il est aussi évidemment clair que la plus grande quantité de l'eau doit s'écouler dans les tuyaux *par le bas*. Cependant cela ne veut pas dire, en aucune façon, que l'eau ne pourra pas s'infiltrer dans les tuyaux par le haut, par les côtés, et qu'elle s'infiltre seulement par le bas. Ainsi, par l'effet du dégel qui survient au printemps, par suite d'orages, de giboulées ou même d'ondées, les eaux pluviales s'amassent en grande quantité à la surface des champs ; mais l'eau qui arrive dans les tuyaux ne représente assurément qu'une très faible partie de la masse totale, qui s'y infiltre. La plus grand partie de l'eau qui traverse les tuyaux y arrive par en bas malgré l'opinion contraire qui a voulu s'imposer à cet égard.

Cependant, l'eau provenant de l'atmosphère entre toujours dans la terre verticalement, suivant la loi de la gravitation, et, se mélangeant aussitôt avec l'eau du sous-sol, elle s'infiltre dans les tuyaux par en bas, et si ces tuyaux remontent bien haut, elle peut aussi s'infiltrer par les côtés. La plus grande quantité venant donc à entrer dans les tuyaux par *en bas*, il faut que ces tuyaux soient confectionnés et posés de telle sorte, que l'infiltration puisse se pratiquer rapidement et facilement (1).

Des terres qui ont besoin d'être drainées.

Caractères minéralogiques. — Les terrains auxquels le drainage est applicable avec l'utilité la plus évidente, sont les terres *froides* et les terres fortes. Dans l'usage ordinaire, les deux dénominations sont fréquemment employées l'une pour l'autre, cependant elles ne sont pas synonimes. Dans les instructions sur le drainage, publiés il y a quelques années sous les auspices de la Commission hydraulique du département de la Sarthe, la distinction est ainsi établie : les *terres froides* sont celles qui, sans être

(1) M. C. E. Kielmann, Du drainage, résultats d'observations et d'expériences pratiques.

imperméables par elles-mêmes, reposent sur un sous-sol imperméable ; les *terres fortes* sont celles où l'élément argileux prédomine.

Les premières sont précisément dans le cas du pot de fleurs dont le fond ne serait pas percé. Les eaux qui y arrivent de la surface et celles qui sourdent très fréquemment dans cette sorte de terrain les maintiennent dans un état constant d'humidité très défavorable à la végétation. Des engrais même abondants ne peuvent leur donner qu'une médiocre fertilité. Il faut, en effet, pour que les engrais agissent utilement, qu'ils subissent dans le sol une fermentation telle, que les racines y trouvent toutes les substances nécessaires à leur développement, et cette fermentation ne peut se produire que sous l'influence de l'humidité, de la chaleur, et surtout de l'air.

Une eau stagnante dans le sol donne lieu à un genre de décomposition qui y fait naître, soit des solutions trop concentrées de matières organiques, soit des principes acides et ferrugineux. Ces éléments ne conviennent qu'à la nutrition de certaines plantes à tissu lâche et spongieux. Si le terrain est en prairie, les joncs, les roseaux, les prêles, les mousses, plusieurs espèces de carex, etc., viennent remplacer peu à peu les espèces utiles, et l'on n'obtient plus qu'un mauvais fourrage souvent très nuisible aux bestiaux. Dans les terrains cultivés, les plantes souffrent de cette humidité constante qui en pourrit les racines. La plus légère gelée forme d'ailleurs sur les billons une croûte de glace qui s'attache autour des jeunes plantes, les endommage et les déracine.

L'eau qui imbibe le terrain, n'ayant pas d'issue inférieure, ne peut se dégager qu'à la surface, par l'effet de l'évaporation ; mais l'eau absorbe pour passer à l'état de vapeur, une quantité considérable de calorique qu'elle rend latent et toute la chaleur que l'évaporation enlève ainsi est perdue pour la végétation. Les vents du printemps tendent bien à déssécher la couche superficielle, mais, si le terrain est *sourceux*, ce qui a presque toujours lieu avec un sous-sol imperméable, l'eau souterraine remplace au fur et à mesure celle qui s'évapore ; l'évaporation et la perte de calorique continuent donc en même temps que l'air et la chaleur solaire ne peuvent pas pénétrer dans le sol. Cette double cause de refroidissement affaiblit les plantes, retarde leur croissance et leur maturité lorsqu'elles n'ont pas été détruites par les gelées et les dégels successifs du printemps, et elle compromet entièrement les récoltes dans les années pluvieuses.

Quant aux terres *fortes* ou *argileuses*, elles ont à la fois la propriété nuisible de ne pas laisser assez facilement pénétrer l'eau de la surface et de la retenir trop fortement lorsqu'elles en sont imprégnées. Il résulte de là que, suivant la saison, elles pèchent alternativement par un excès de sécheresse et par un excès d'humidité.

Mais le plus grand inconvénient qui résulte pour l'agriculture de la nature des terres argileuses, surtout lorsqu'on ne peut en modifier la consistance et les propriétés par l'emploi des amendements calcaires, c'est la grande difficulté qu'on éprouve à les cultiver. Si l'on s'y prend trop tôt, la terre est tellement dure qu'on y perd son temps, ses instruments et ses forces. Si l'on attend trop tard, le sol est détrempé et pâteux ; les attelages s'y enfoncent et éprouvent également une très grande résistance. Dans les deux cas, on ne fait qu'un mauvais travail : la terre reste en mottes qu'on a beaucoup de peine à briser, et il est très rare que les semailles faites dans ces conditions puissent réussir. La culture de ces terres exige donc bien plus de peine, de temps et par conséquent d'argent que celle de terres plus légères ; le succès reste d'ailleurs en grande partie subordonné à la possibilité qu'a trouvée le cultivateur de les travailler dans un moment opportun, qu'il ne dépend pas toujours de lui de saisir, surtout dans une exploitation de quelque importance.

Les observations qui précèdent ne concernent d'une manière absolue que les deux types généraux de terrains que nous avons défini ; mais on comprend que si, comme l'expérience le prouve, le drainage est éminemment utile pour ces deux classes, il peut encore convenir, dans une certaine mesure, pour une série de terrains intermédiaires entre elles, et cela d'autant plus que ces terrains participent davantage de la nature de l'une ou de l'autre ou de toutes à la fois.

Caractères physiques. — Mais indépendamment de ces caractères fournis par la structure minéralogique de la terre, il y en a d'autres qui se traduisent d'une façon plus visible à *l'œil nu* pour ainsi dire, et qui prouvent qu'un terrain se trouverait bien du drainage. Ces caractères que nous appelons *physiques*, faute de mieux, sont les suivants :

En certains endroits, là où existent des sources, la surface du sol est molle, élastique et cède facilement sous le poids des hommes et des gros animaux ; la terre est détrempée et couverte de flaques d'eau pendant la mauvaise saison. Enfin, un excellent moyen, essentiellement pratique, permet de s'assurer si une terre a besoin d'être drainée ; en hiver on fait un trou dans le sol à une profondeur de 60 centimètres environ, à l'aide d'un bâton pointu que l'on remue latéralement en le faisant pénétrer ; si quelques jours après, à condition qu'il ne pleuve pas dans l'intervalle, ce trou est rempli d'eau qui y croupit pendant longtemps, on peut être sûr que le drainage s'impose.

Caractères fournis par la végétation spontanée. — Les personnes versées dans l'étude de la botanique pratique et surtout de la détermination des espèces végétales, n'ont même pas besoin de ces caractères. Il est certaines plantes qui croissent spontanément dans les terres trop humides et qui indiquent d'une manière très nette que le drainage est nécessaire. Les principales sont les suivantes :

Ranonculus flammula ou petite douve.
Ranonculus lingua ou grande douve.
Festuca fluitans ou herbe à la manne.
Alisma plantago ou plantain d'eau.
Poa aquatica, ou glycerie aquatique.
Scirpus palustris ou jonc des marais.
Eriophorum polystachyum ou Linaigrette.
Triglochin palustre ou troscart des marais.
Cardamine pratensis ou cresson fleuri.
Mentha aquatica ou menthe aquatique.
Scrofularia aquatica ou scrofulaire aquatique.
Stachys palustris ou ortie morte.
Circium palustre ou charbon des marais.
Erica tetralix ou bruyère à quatre faces.
Colchicum automnale ou colchique d'automne.
Carex riparia ou laiche.
Galium palustre ou gaillet des marais.
Pinguicula vulgaris ou grassette.
Juncus bufonius ou jonc des crapauds.
Juncus conglomeratus ou jonc congloméré.
Equisetum palustre ou prêle des marais.
Ranonculus acris ou renoncule âcre.
Caltha palustris ou populage des marais.
Veronica becchabunga.
Gratiola officinalis ou herbe au pauvre homme.
Polygonum amphibium ou renouée amphibie.
Runex acetosa ou oseille ordinaire.

D'après M. Boitel, le colchique d'automne, si commun dans les prairies argileuses humides, est un indice certain de l'utilité du drainage. Il en est de même des joncs, des prêles, des renoncules, des laîches, du populage et des oseilles. Ces plantes se plaisent dans l'humidité ; il est clair qu'en assainissant le terrain, elles languiront, périront et seront remplacés par des espèces de meilleure qualité.

Manière de reconnaître à quelle cause est due l'humidité.

Nous avons vu pourquoi un terrain peut être trop humide, comment agit cette surabondance d'eau et comment on reconnait qu'une terre a besoin d'être drainée ; nous devons voir maintenant comment on reconnait à quelle cause est due l'humidité : ceci peut avoir une grande importance pour l'exécution du drainage et la méthode de drainage à employer.

La configuration générale du terrain, la connaissance des couches dont il est formé et celle de leurs positions respectives, l'état de la surface, son degré d'élasticité, l'espèce et le développement des plantes aquatiques qu'il produit sont, d'après M. Leclerc, autant de moyens de reconnaître si le sol renferme des eaux souterraines provenant de points plus élevés, ou si l'humidité est due simplement à la stagnation des eaux pluviales et dans le sous-sol. En consultant les personnes qui cultivent le terrain que l'on étudie, on peut encore en apprendre des particularités très significatives. Une humidité qui persiste à toutes les époques de l'année atteste généralement la présence d'une eau souterraine permanente ; si, au contraire, l'humidité disparaît dans les temps de sécheresse, elle pourra provenir soit des sources intermittentes, soit de l'existence d'une couche qui met obstacle à l'infiltration des eaux de la surface ; mais dans le premier cas, les symptômes d'humidité ne se montreront pas aussi vite après les pluies que dans le second, et souvent aussi ils resteront moins longtemps avant de disparaître. D'ailleurs, dans le cas de sources, l'humidité se montre dans les points élevés ou bien à mi-côte pour gagner insensiblement les parties basses des champs, tandis que dans les sols rétentifs ce sont les parties inférieures qui ont d'abord le plus à souffrir et les parties hautes ne sont saturées que plus tard. Toutes ces circonstances, nous insistons sur ce point, doivent être étudiées avec beaucoup de soin, parce qu'il faut y subordonner les dispositions que l'on adopte dans les travaux de dessèchement.

CHAPITRE II

PRINCIPE DU DRAINAGE SOUTERRAIN

I. Drains de dessèchement. — Leur direction. — Drains collecteurs. — Profondeur des drains. — Drainage superficiel et drainage profond. — Supériorité du drainage profond. — Profondeur des drains d'assèchement. — Ecartement des drains.
II. Drains collecteurs. — Profondeur et écartement.

Dans tout drainage il y a deux sortes de drains : les uns, dits *drains d'assèchement* ou *petits drains*, ont pour mission de dessécher uniformément le sol en soutirant l'humidité ; les autres ou *drains collecteurs* ou *drains principaux* reçoivent les eaux qui découlent des précédents et les conduisent en un lieu convenable.

Direction des drains de dessèchement.

Pendant longtemps, on a enseigné que les petits drains devaient être disposés transversalement à la pente du terrain, c'était une erreur grave, car il y a aujourd'hui unanimité complète sur ce point, que tous les drains de dessèchement doivent être dirigés suivant les lignes de plus grande pente. Cette disposition présente les avantages suivants :

1° Elle permet de donner aux conduits la plus forte pente possible, ce qui facilite l'écoulement de l'eau et permet de moins multiplier ces drains toujours très nombreux :

2° Les drains dirigés suivant la ligne de plus grande pente, peuvent être placés à une distance plus considérable les uns des autres que les drains transversaux, car l'eau cherche toujours le niveau le plus bas lorsqu'elle s'écoule. Ainsi avec un drain de dessèchement placé transversalement à la pente, comme *d* (fig. 1) la plus grande partie

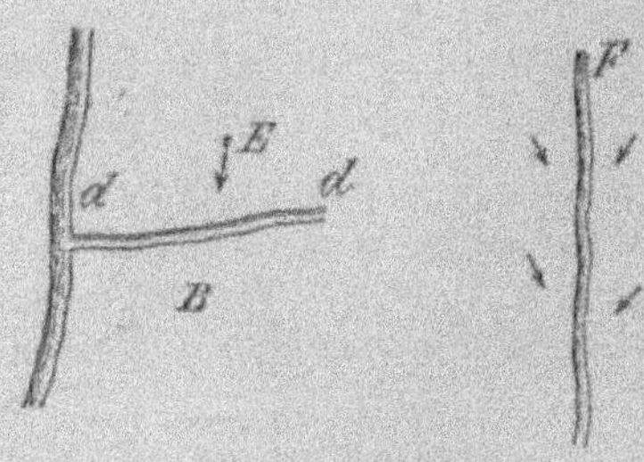

Fig. 1

des eaux arrrive dans le drain par la partie la plus élevée E du terrain, il n'en arrive que peu ou pas, par la partie déclive B. Il en résulte que la partie E est bien asséchée, tandis qu'elle ne l'est presque pas en B. Il n'en est plus de même quand un fossé où un drain est dirigé suivant la pente, comme F par exemple (fig. 1.) Ces eaux y arrivent également à travers les deux talus et l'assèchement est le même comme intensité, à droite et à gauche du drain.

3° Les terres, comme le fait remarquer M. Leclerc, ont souvent une texture très variable ; il s'y trouve des veines de sable ou des couches plus poreuses que les autres, à travers lesquelles suinte souvent de l'eau provenant des terrains plus élevés. Ces couches n'assument presque jamais l'inclinaison de la surface, mais elles gisent dans une direction à peu près horizontale ou légèrement inclinée. Un drain transversal peut avoir son fond immédiatement au-dessus de l'une d'elles, et, si la pente des terrains est forte, les eaux qui suintent dans cette couche atteignent alors la surface du sol avant d'arriver au drain transversal qui suit. Dans le cas où les drains sont, au contraire, dirigés suivant la pente, leurs fonds coupent les extrémités de tous les feuillets stratifiés à la même distance de la surface, et les eaux entrant dans les conduits à leurs points d'intersection avec les diverses couches poreuses, une profondeur uniforme de terrain est asséchée sur toute l'étendue du champ. Beaucoup de draineurs, ignorant les lois de la stratification, s'obstinent à placer les drains en travers de la pente, dans l'espoir qu'ils interceptent plus sûrement toutes les petites sources, tandis que c'est précisément le contraire qui arrive.

4° La direction générale des principales fissures qui se forment dans un terrain argileux par la dessication et le retrait, est transversale à la pente, circonstance due à l'action que la pesanteur exerce sur les masses de terre au moment où elles se séparent. Dès lors, les drains transversaux peuvent se comporter à l'égard des crevasses comme par rapport aux couches poreuses dont nous avons parlé ci-dessus, c'est-à-dire qu'ils peuvent courir entre les fissures principales sans les couper, auquel cas ils ne reçoivent que difficilement l'eau qui s'y loge. Un drain dirigé de haut en bas d'un champ traverse au contraire toutes les fissures et enlève rapidement l'eau qu'elles récèlent.

5° Enfin, si la pente est rapide et la terre compacte, les drains transversaux placés dans la partie haute du champ, ne recueillent qu'une faible quantité d'eau de pluie, car la plus grande partie de celle-ci est entrainée suivant la pente, tout en filtrant dans le sol, de cette façon l'humidité s'accumule dans la partie la plus basse du champ où les les drains deviennent insuffisants pour l'évacuer. De cette manière les drains du haut ne fonctionnent pour ainsi dire pas, tandis que les drains du bas ont trop à faire.

Toutefois, en ce qui concerne ce principe de la direction des drains, il va sans dire, que dans la pratique on néglige les petites irrégularités que peut présenter la surface du sol, pour ne s'attacher qu'aux irrégularités qui affectent une grande étendue de terrain.

Cette règle générale de la direction à donner aux drains de desséchement comporte parfois des exceptions. Ainsi, il arrive qu'on soit obligé d'établir ces drains en travers de la pente lorsqu'on opère à proximité d'un cours d'eau capable de donner lieu à des infiltrations, quand il y a contre le champ que l'on draine des terres humides plus élevées, ou bien encore quand on veut drainer un terrain plat, situé au pied d'une colline formée de couches fissurées ou perméables donnant issue à de petites sources. Mais comme on le voit, ce sont là des cas exceptionnels dans lesquels il faut débarrasser le terrain, non seulement de son propre excès d'humidité, mais encore des eaux du voisinage.

Drains collecteurs.

Les drains de desséchement n'aboutissent pas directement dans le canal de décharge, mais bien dans des drains *dits collecteurs*, c'est-à-dire plus spacieux, car il convient de ne pas multiplier les bouches de décharge pour éviter les obstructions et simplifier la surveillance et l'entretien.

Les drains collecteurs sont établis à 0 mètre 04 ou 0 mètre 05 plus bas que les drains dont ils reçoivent les eaux ; ceux-ci doivent se raccorder à angle aigu avec les premiers, dans le sens de l'écoulement.

Les collecteurs sont placés sur tous les points du terrain vers lesquels les eaux sont dirigées par les drains de desséchement. On met donc un collecteur dans les parties basses, dans les creux profonds, et parfois même on en place en travers d'un versant régulier, lorsque des drains allant d'un bout à l'autre de celui-ci auraient trop de longueur. Si la surface du champ est unie, le drain collecteur régnant à la partie inférieure aura une inclinaison convenable pour l'écoulement des eaux et au besoin, pour y arriver, on le placera dans une direction oblique par rapport à la pente.

Les drains collecteurs seront toujours à une certaine distance des arbres et haies vives de clôture, tandis que 6 mètres d'éloignement suffisent pour les drains de desséchement, 15 mètres ne sont pas de trop pour les collecteurs.

Il faudra éviter la rencontre de deux lignes de drains vis-à-vis l'une de l'autre dans le même drain collecteur. La rencontre des petits drains et des drains principaux doit avoir lieu sous un angle aigu, mais comme le fait remarquer M. Hervé Mangon, il ne faut pas qu'il soit trop aigu parce qu'alors on allonge inutilement la longueur des drains à ouvrir, en le rapprochant le long des collecteurs. Un angle de 60° est celui dont il faut chercher à se rapprocher; il réduit assez la longueur des drains, tout en assumant aux filets liquides un écoulement suffisamment facile. La rencontre sous un angle droit est cependant encore acceptable; mais dans aucun cas, on ne doit tracer les drains de telle sorte que les filets liquides se dirigent en sens contraire. Si dans un cas tout à fait exceptionnel, la disposition des lieux obligeait à donner aux petits drains une pareille direction on infléchirait par une courbe leurs extrémités, de manière à leur faire rencontrer le collecteur sous un angle aigu dans le sens de l'écoulement.

Il est nécessaire d'établir un drain principal de 0 mètre 05 c. à 0 mètre 06 de diamètre intérieur pour recevoir le produit des petits drains de 2 à 3 hectares, sauf à réunir plusieurs de ces drains principaux dans un maître drain qui fait alors fonction de conduite, et mène les eaux dans le canal de décharge.

Les drains doivent être tracés en ligne droite. C'est dans les coudes, en effet, que se produisent le plus facilement les dérangements et les obstructions ; mais il est clair que l'on ne peut pas toujours observer cette règle dans le tracé des collecteurs. On doit alors employer des courbes de 5 à 6 mètres de rayon au moins, et augmenter un peu la pente dans ces parties du tracé ; si la disposition des lieux ne permet pas de tracer une courbe aussi allongée il est convenable de la remplacer par un *regard*.

Profondeur des drains.

Importance du sujet. — La question de savoir à quelle profondeur les conduits des drains doivent être placés dans la terre pour qu'ils produisent l'assainissement le plus efficace et le plus économique, est considérée, suivant la remarque de M. Leclerc, comme le plus important de tous les problèmes qui se rattachent à l'art du drainage complet. C'est aussi celle qui a donné lieu, parmi les draineurs anglais, aux controverses les plus vives, jusqu'au moment où les remarquables travaux de M. Parkes sont venus jeter la lumière sur ce point capital, en ralliant au système préconisé par cet habile ingénieur la majeure partie des fermiers intelligents de l'Angleterre.

Deux systèmes absolument contraires ont été longtemps en présence en Angleterre : le premier, soutenu et propagé par M. Smith de Deanstone, consistait à faire usage pour enlever l'eau de la surface, c'est-à-dire celle qui tombe sur un terrain rétentif et s'y amasse, de drains profonds de 0m,75 au plus, espacés les uns des autres d'une faible quantité ; le second, pour lequel a vigoureusement combattu M. Parkes, ingénieur consultant de la Société royale d'agriculture de Londres, reposait au contraire sur l'emploi de drains profonds d'au moins 1m,21 ; les partisans de ce système soutiennent que de semblables drains, placés à de larges intervalles les uns des autres, procurent un assainissement plus efficace et en même temps plus économique que des drains moins profonds et plus serrés. Nous sommes entièrement de l'avis de M. Leclerc, lorsqu'il dit qu'il n'est point possible de fixer d'une manière générale la profondeur absolue que les drains de dessèchement doivent avoir ; car les circonstances particulières à chaque cas viennent la modifier, et elles sont par conséquent le seul guide qu'il convienne de suivre dans la détermination rationnelle de cet élément. Il ne serait pas plus logique de prescrire invariablement l'emploi des drains de 1m,21 de profondeur dans les différents sols, que de prétendre, avec les disciples de M. Smith, qu'il ne faut jamais descendre au-dessous de 0m,75. Quand on veut assainir un terrain, on doit au préalable en faire une inspection minutieuse, et s'efforcer d'acquérir, soit par le sondage, soit pas le creusement de tranchées d'essai, une connaissance parfaite des particularités que présente le sous-sol. On détermine alors la profondeur des saignées de manière à approprier le drainage à l'état et à la nature de ce dernier, en prenant pour principe que les drains doivent enlever au terrain la plus grande quantité d'eau possible, et qu'il importe de ne pas laisser subsister à une faible distance de la surface des couches d'eau stagnante, elles proviennent des terrains plus élevés.

Supériorité du drainage profond. — Il convient de rappeler ici, ce que nous avons énoncé dans le premier chapitre de cet ouvrage, c'est que l'eau pénètre dans les drains non pas par dessus, mais bien par dessous.

Le drainage profond produit un dessèchement beaucoup plus complet parce que des veines de sable ou de gravier sont fréquemment coupées par les drains et on sait que l'eau afflue toujours avec la plus grande force par les veines les plus basses. — Il ne gêne pas les racines des plantes qui s'enfoncent à des profondeurs bien plus grandes qu'on ne le suppose généralement, — de ce fait, les obstructions sont moins à craindre. Le drainage profond permet les labours profonds et les défoncements.

Enfin, les eaux qui, en hiver ou après les grandes pluies, sont évacuées par les drains profonds, entraînent avec elles peu de matières fertilisantes, parce qu'elles sont obligées de traverser une épaisse couche de terre et que celle-ci, surtout la terre argileuse à laquelle le drainage s'applique généralement, a la propriété de retenir les sels nutritifs, ainsi que l'ont prouvé les travaux de MM. Way, Boussingault, Dehérain, etc.

Profondeur des drains de dessèchement. — D'après M. Hervé Mangon, la profondeur la plus convenable à donner aux drains pour qu'ils enlèvent toute l'eau surabondante, et abaissent en même temps assez le plan de l'eau stagnante pour qu'elle ne puisse pas remonter jusqu'aux racines, ou même à la surface du sol par l'action de la capillarité, est comprise entre $0^{m},90$ et $1^{m},30$; elle suffit, dans les cas ordinaires, pour atteindre ce double but.

En principe, on adopte pour les petits drains une profondeur de $1^{m},20$; mais il doit être bien entendu que cette règle n'est pas absolue. Il ne faut point, évidemment, vouloir l'appliquer au centimètre près et tenir compte des petites inégalités des terrains, en faisant suivre au fond de la tranchée une ligne parallèle à toutes les ondulations de la surface. On verra au contraire, que la pente du drain doit être uniforme, ce qui implique nécessairement, en général, des profondeurs un peu variables. La profondeur de $1^{m},20$ est donc une moyenne dans la longueur de chaque drain, dont il convient de s'écarter le moins possible, et dont on ne s'écarte pas en effet sensiblement dans les terrains réguliers et égalisés par une longue culture.

Calcul du minimum de profondeur. — Deux résistances s'opposent à ce que l'eau surabondante renfermée dans le sol descende jusqu'au niveau des conduits des drains ; ce sont : le frottement et la capillarité. Toutes les deux agissent avec la moindre intensité pour les sols naturellement perméables, et c'est par conséquent dans les terrains de cette nature qu'il faut les considérer pour la recherche dont il s'agit.

Le plan incliné suivant lequel le frottement retient l'eau de drainage, présente dans un terrain perméable, suivant la remarque de M. Leclerc, une inclinaison d'environ 30 millimètres par mètre ; d'un côté, les drains y sont ordinairement espacés de 15 mètres : d'où il suit que la résistance de frottement aura pour effet de produire, au milieu de l'intervalle laissé entre les drains, une surélévation du niveau de l'eau égale à $7^{m},50 \times 0^{m},03$, c'est-à-dire $0^{m},225$. La surélévation moyenne, prise au quart de la distance qui sépare les drains, mesurera de ce fait $0^{m},112$. Outre cela, l'action de la capillarité empêche l'eau de drainage de descendre jusqu'au plan incliné dont nous venons de parler, et la hauteur de la colonne d'eau qu'elle maintient en suspension au-dessus du niveau naturel peut être évaluée à 40 centimètres au moins. Il résulte de là que la partie supérieure de la couche d'eau contenue dans le sous-sol s'arrête, sous l'action du drainage et dans les circonstances les plus favorables, à $0^{m},512$ au-dessus du niveau des saignées, et par conséquent que pour l'abaisser à $0^m,70$ en contre-bas de la surface du sol, les drains doivent présenter au minimum une profondeur de $0^m,70 \times 0^m,112 \times 0^m,40 = 1^m,212$. Les calculs qui précèdent démontrent à l'évidence que, pour retirer du drainage tous les bienfaits qu'il est capable de produire, il faut donner aux drains de dessèchement une profondeur au moins égale à $1^m,21$; nous sommes conduits de la sorte à un chiffre qui concorde entièrement avec celui fixé par M. Parkes. Mais on doit remarquer que la profondeur dont il s'agit n'est point absolue, c'est seulement une limite au-dessous de laquelle il ne faut point s'arrêter dans tous les cas où les circonstances permettent de l'atteindre.

Profondeur des drains collecteurs. — Les drains collecteurs sont toujours plus profonds de plusieurs centimètres, que les drains de dessèchement, la différence est égale à celle des diamètres des tuyaux employés, de manière que les arêtes supérieures de tous les tuyaux soient à leur point de réunion dans un même plan.

La disposition des lieux oblige quelquefois à augmenter beaucoup la profondeur de certains drains, pour franchir une partie haute et atteindre les points d'écoulement. Une étude très attentive permet presque toujours d'éluder ces difficultés exceptionnelles ; mais cependant elles ne doivent pas arrêter quand elles se présentent. On peut, dans ces circontances, avoir à placer des drains collecteurs à une profondeur qui atteint $2^m,50$ et même 3 mètres ; à moins des travaux très importants par l'étendue de la surface à laquelle ils s'appliquent, on ne doit pas dépasser cette profondeur. Quand on est obligé de le faire, il convient de recourir à l'expérience d'un constructeur de profession ; les précautions à prendre pour la fouille et l'établissement du conduit ne sont plus alors de la compétence des ouvriers draineurs ordinaires.

Il arrive plus souvent encore que l'on est obligé de réduire les profondeurs des drains par suite du défaut de l'abaissement des eaux dans le canal de décharge. Dans ce cas, il faut, par tous les moyens, chercher à abaisser le plan d'eau et s'efforcer d'appliquer à la plus faible surface possible de la pièce, les profondeurs réduites.

Cette augmentation de profondeur des drains collecteurs sur les drains de dessèchement, varie entre 5 et 8 centimètres ; elle présente, en outre, un autre avantage, qui n'est pas à négliger : lorsqu'une cause quelconque arrête pendant un temps plus ou moins long l'écoulement de l'eau à l'extrémité des drains collecteurs, obstruction ou autre, le liquide peut s'élever dans ceux-ci, sans refluer immédiatement dans les drains de dessèchement.

Ecartement des drains,

La profondeur et l'écartement des drains, nous l'avons déjà laissé entrevoir, sont deux quantités intimement liées l'une à l'autre; en effet, plus les drains de dessèchement seront profonds, plus l'intervalle qu'on peut laisser entre eux sera grand. Mais la profondeur des drains n'est pas la seule chose à prendre en considération pour déterminer leur écartement ; il faut encore avoir égard à la pente du terrain et à la nature du sol.

L'influence de la pente n'est pas à mettre en doute. En effet, l'eau qui tombe sur la surface du sol filtre à travers celui-ci, en suivant une direction verticale, jusqu'à ce qu'elle soit arrêtée vers le niveau du fond des drains, par un sol humide et imperméable sur lequel elle s'accumule. Les couches d'eau inférieures, pressées par les précédentes, s'écoulent alors latéralement. Il en résulte que le *parcours total* de l'eau dans le sol augmente en raison de la pente du terrain, et que si l'on veut obtenir la même rapidité de dessèchement dans deux champs dont l'inclinaison est différente, toutes les autres circonstances restant les mêmes, il faut rapprocher les drains dans celui dont l'inclinaison est la plus forte. Notons toutefois, que cette influence de la pente, quoique bien avérée, est généralement négligeable dans la pratique. Il n'en est pas de même avec la nature du sol. L'écartement des tranchées de 1 mètre 21 de profondeur varie de 7 à 25 mètres ; comme on le voit il y a de la marge ; cependant ces limites extrêmes sont rarement atteintes, car bien peu de sols résistent à un écartement de 9 mètres. D'autre part, et à moins qu'il ne s'agisse de terrain très perméables et où les sources sont la principale cause d'humidité, il est rare que l'assainissement soit complet si l'écartement dépasse 15 ou 20 mètres. Il n'y a pas de règle absolue à ce sujet, une grande habitude des terrains permet seule de déterminer l'écartement convenable. Cependant M. Hervé Mangon a donné un procédé qui permet de déterminer expérimentalement l'écartement à donner aux drains dans un sol donné, si on n'a pas une expérience suffisante. Son seul tort est de nécessiter pas mal de temps, aussi ne le recommanderons-nous que dans le cas où on a du temps devant soi.

« On ouvre une tranchée T T (fig. 2) à la profondeur

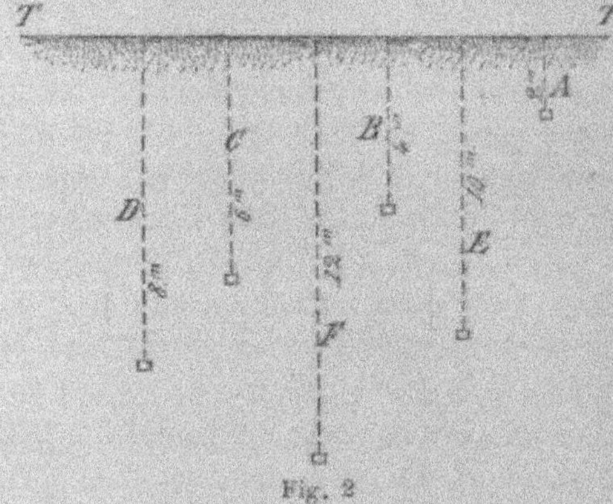

Fig. 2

que l'on veut donner au drainage ; pour que cette tranchée d'essai ne soit pas perdue, on la dirige de manière à ce qu'elle puisse faire partie, plus tard, du drainage à effectuer, et on la prolonge assez pour que l'eau puisse s'écouler. On creuse alors, à droite et à gauche de cette tranchée, une série de trous A, B, C, D, E, F, de 0 m. 50 de côté environ et de même profondeur que la tranchée. Ces trous, comme l'indique la figure, sont disposés en échiquier, de manière que leurs distances à cette tranchée soient, par exemple, de 2, 4, 6, 8...., 12, 14 mètres. Leur distance les uns des autres doit excéder la moitié du plus grand écartement probable des tranchées, soit 10 à 12 mètres, pour qu'ils ne puissent pas agir les uns sur les autres. On recouvre ces trous de branchages et de paillassons, afin que l'évaporation ne soit pas trop forte. Si le terrain n'est pas assez imprégné d'eau pour que les trous se remplissent naturellement, on attend les pluies. Alors commencent les observations, qu'il faut prolonger plusieurs jours de suite et reprendre à deux ou trois époques différentes de l'année.

On note chaque jour, matin et soir, le niveau de l'eau dans les trous, et l'on ne tarde pas à reconnaître qu'il s'abaisse d'autant plus et d'autant plus rapidement, dans chaque trou, que ce trou est plus rapproché de la tranchée TT : de sorte que l'eau est plus élevée au-dessus du fond de cette tranchée en B qu'en A, en C qu'en B, en D qu'en C, et ainsi de suite, jusqu'à la distance où la tranchée ne fait plus sentir son action, et où le niveau de l'eau est le même dans deux trous voisins. Lorsque le niveau de l'eau paraît stationnaire, tout au moins quand il varie sensiblement de la même quantité d'une observation à l'autre dans tous les trous à la fois, on note la distance de la tranchée au dernier trou où le niveau est assez abaissé au-dessous de celui du liquide dans le trou suivant, et le double de cette distance donne l'écartement des drains.

On comprend qu'il faut nécessairement que le sol soit complètement imprégné d'eau pour que cette expérience soit concluante. Il convient aussi de la répéter, car il arrive souvent que le second essai indique un écartement supérieur à celui donné par une première observation.

La disposition des trous en échiquier est indispensable. Si on les disposait sur une même ligne perpendiculaire ils réagiraient les uns sur les autres. Enfin on doit préférer des trous faits à la bêche ou à la pioche à des trous de sondage garnis de tubes en terre, peut-être plus faciles à faire, mais dont l'exécution modifie toujours assez la consistance du sol près de leur surface pour altérer les résultats et ne laisser à l'observation de l'eau pluviale aucun caractère de certitude.

On observera encore qu'il faut réduire l'écartement des drains quand on est obligé de diminuer leur profondeur. Ces deux quantités sont à peu près proportionnelles, toutes choses égales d'ailleurs.

Une dernière observation, très importante pour les propriétaires qui dirigent eux-mêmes leurs travaux, doit encore trouver place ici au sujet de l'écartement des tranchées.

Certains sols sont si profondément modifiés par le drainage, qu'ils acquièrent une porosité bien supérieure à celle indiquée par les essais précédemment décrits. Il est donc prudent, quand on opère sur un sol que l'on ne connaît pas bien, de donner aux petits drains un écartement précisément double de celui que l'on croit convenable : si, au bout d'un an ou deux, l'assainissement n'est pas suffisant, on complète le travail en intercalant un nouveau drain au milieu de l'intervalle des anciennes lignes. Sans avoir augmenté la dépense, on a ainsi couru la chance de la réduire beaucoup, dans le cas où le terrain se serait suffisamment assaini par le premier travail. »

CHAPITRE III

VARIÉTES DE DRAINS

I. Drains en pierres cassées. — Drains en pierres plates. — Drains en briques. — Drains en tuiles courbes. — Drains en bois. — Drains en fascines. — Drains en coulée de taupe.
II. Drains en poterie.

Nous avons vu précédemment que le drainage véritable s'exécute avec des tuyaux cylindriques en poterie ; cependant il est des cas où on peut avoir recours à d'autres substances, soit qu'on les trouve en abondance et à bon marché dans le pays où l'on se trouve, soit que l'étendue du champ à drainer ne comporte pas l'achat de tuyaux en poterie. D'ailleurs, avant l'invention du drainage anglais, l'assainissement se pratiquait avec les substances auxquelles nous faisons allusion.

Quelle que soit la variété de drain employée, les principes qui précèdent, relatifs à l'inclinaison. l'écartement, la profondeur, etc. restent à peu près les mêmes.

Drains en pierres cassées.

Ces drains ne sont employé avantageusement, que dans les terrains très pierreux, présentant de ce fait la matière première de leur exécution sur place, et tout extraite par cela seul qu'on ouvre des tranchées. Dans ce cas, les drains empierrés, s'ils sont bien établis peuvent revenir meilleur marché que les drains en poterie, tout en donnant presque d'aussi bons résultats.

Dans ce cas, le drainage consiste à accumuler une certaine quantité de ces pierres dans le fond des tranchées ouvertes. Ce *drainage à pierres perdues* est excellent quand les cailloux sont anguleux et propres, parce que l'eau circule aisément entre les interstices qu'on y observe. Comme le fait observer M. Heuzé, les petites pierres presque rondes et les graviers à grains réguliers ne valent pas les pierres cassées. Quand les cailloux ou les pierres cassées sont chargés de terre, on les nettoie avant de les employer, en les exposant au soleil et en les projetant contre une claire voie en fer, pour en détacher la terre. La couche de gravier qui remplit le fond de la tranchée doit avoir 0 m. 30 à 0 m. 40 d'épaisseur, suivant la profondeur du drain. On régularise la surface des pierres à l'aide d'un crochet. On peut couvrir ces pierres avec de la bruyère ou du genêt à balai, avant d'opérer le remplissage de la tranchée, mais on doit éviter de projeter sur la couche pierreuse ou du sable ou du gravier.

Il faut, au minimum, 88 décimètres cubes de pierres cassées pour garnir un mètre courant de tranchée. Quant au temps employé, deux hommes, travaillant dix heures par jour, peuvent faire 55 à 65 mètres de drainage. Mais, nous insistons sur ce point : un drainage de cette nature doit être fait avec beaucoup de soin, car l'action de la pesanteur tend à diminuer à la longue les interstices qui se trouvent entre les pierres, de plus, les drains empierrés sont sujets à s'obstruer ; d'ailleurs, l'eau qui coule dans ces drains étant continuellement obligée de s'éloigner de la direction rectiligne, elle produit des érosions sur les parois, érosions qui contribuent à accélérer les obstructions.

Enfin, suivant une remarque fort juste, l'eau détrempe souvent le fond de la tranchée, dans lequel les pierres peuvent alors s'enfoncer par l'effet de leur poids en faisant refluer la terre boueuse dans le dessus.

M. Smith qui a particulièrement étudié ce mode de drainage, assigne aux tranchées 18 centimètres de largeur du

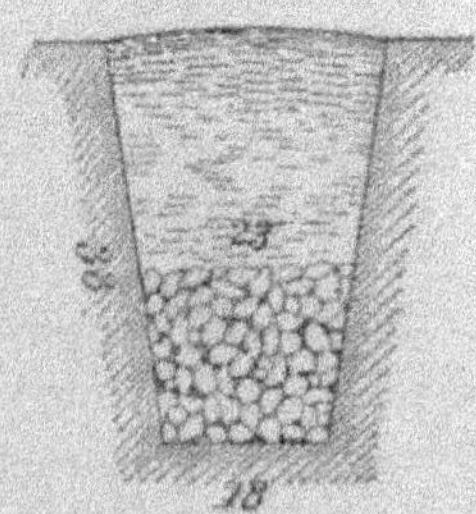

Fig. 3

fond s'élargissant graduellement de manière à ce qu'à 38 centimètres au-dessus du fond, point où il fixe l'arrêt de la couche de pierres, la largeur soit devenue 23 centimètres (fig. 3)

Drains en pierres plates

A défaut de cailloux, on emploie souvent des pierres plates ou de grands carreaux pour établir une coulisse dans le fond de chaque tranchée. Quant les pierres ont 0 m. 03 à 0 m. 04 d'épaisseur, on en met une à plat dans le fond, une de chaque côté de la tranchée, et une par dessus celles qui sont adossées contre les deux parois ; on forme ainsi une conduite à section quadrangulaire. Par cette disposition on obtient un véritable drain doué d'une grande solidité. On peut donner au conduit une forme prismatique à l'aide de trois pierres plates ou trois grands carreaux. On couvre le conduit qu'on a ainsi édifié avec des cailloux cassés. De telles coulisses sont très durables. (1) (fig. 4. a, b. c.)

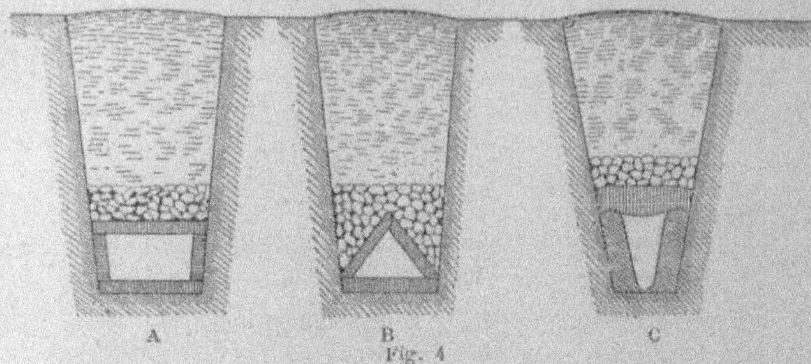

Fig. 4

Ce mode de drainage est bien préférable au précédent, mais il présente ce grave inconvénient d'exiger des matériaux d'une forme particulière que l'on n'a pas toujours sous la main et qui sont particulièrement rares dans les localités où le sol est argileux.

Les drains en pierres plates sont moins sujets à s'obstruer, l'eau y coule plus librement et ils présentent, pour un moindre volume de matériaux, une plus grande section d'écoulement. Mais là, il faut des tranchées larges et le travail est dispendieux.

Drains en briques.

Lorsqu'on a un grand nombre de briques à sa disposition, celles-ci peuvent avantageusement remplacer les pierres plates ; on les dispose en coulée à section carrée

(1) Heuzé, *Dictionnaire d'agriculture*, t. II.

(fig. 5). Il faut environ 28 briques pour faire un mètre courant de conduit. La durée de ces conduits peut dépasser

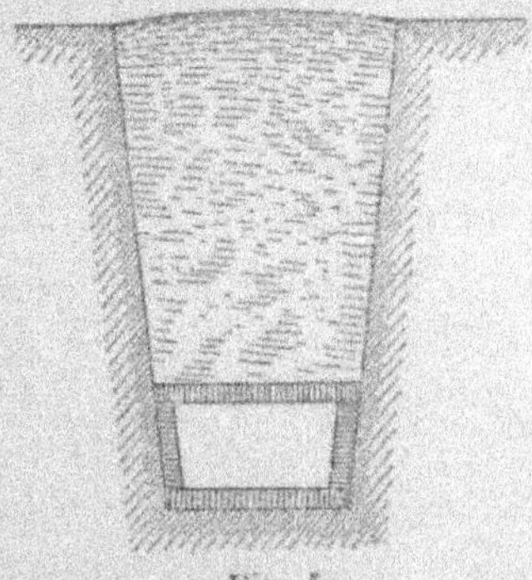

Fig. 5

un siècle. Cependant s'il fallait acheter des briques exprès pour faire ce drainage, il n'y aurait pas intérêt à l'entreprendre, à cause de leur prix relativement élevé.

Drains en tuiles courbes.

Le drainage avec des tuiles a été, en Angleterre, l'origine du drainage avec tuyaux.

Il consiste à se servir de tuiles courbes qui sont renversées et reposent sur une tuile plate formant sole.

Pour ce système nous ferons les mêmes restrictions que pour le précédent, mais en les accentuant encore davantage, si on a un stoc de tuiles courbes, rien de mieux que de les utiliser, mais s'il faut les acheter, leur coût est généralement plus élevé que celui des tuyaux, et on a tout avantage à donner la préférence à ces derniers.

Drains en bois.

Le bois de pin a été proposé, il y a quelques années, en Angleterre, pour la construction des drains. En France, l'usage de ce bois pour le drainage remonte à une époque reculée. Voici ce que dit à ce sujet M. Laure : « Dans les terrains privés de pierres, on construisait anciennement les ouïdes (1) avec des pins. Je n'en ai jamais établi ainsi ; mais, dans mes défoncements, j'en ai trouvé qui, certainement avaient été faits depuis plusieurs siècles. On sait que les pins enfouis tout verts sont impérissables. Voici comment on opérait, à en juger par ceux que j'ai trouvés. On coupait dans les forêts, ou bien on achetait des pins d'un diamètre moyen de 0 m. 10 à 0 m. 12, et le nombre en était déterminé par l'étendue du terrain à dessécher. On plaçait ces pins, sans les écorces, un de chaque côté au fond de la tranchée et un troisième au-dessus des deux autres, en ayant soin de mettre le gros bout de ce troisième sur les petits bouts des deux autres. Nécessairement, il restait un vide entre les trois pins. Ces ouïdes eussent été éternels, si on avait mis sur les pins 0 m. 25 à 0 m. 30 de pierrailles. Par le manque de ces pierres, ils s'étaient engorgés de terre.

En Angleterre, M. Scot, de Craigmuie, construit des tuyaux en bois de pin, en clouant ensemble quatre planches de 0 m. 025 d'épaisseur, de manière à en former un canal rectangulaire de 0 m. 05 de côté intérieurement et de 0 m. 10 extérieurement. Les planches sont percées de trous, d'intervale en intervalle, pour permettre l'introduction de l'eau dans les drains (2).

Drains en fascines.

Dans les localités non pierreuses et où les briques et tuiles sont d'un prix élevé, on garnit le fond des tranchées

(1) Nom vulgaire des drains en Provence.
(2) J.-A. Barral.

avec des fascines de genêt à balais, de bruyères, ou de branchages d'essences résineuses.

Les drains de cette nature n'ont pas une profondeur aussi grande que ceux destinés à recevoir des pierres, en ouvrant les tranchées on agit de manière qu'à 0 m. 30 environ du fond il existe deux saillies sur lesquelles on place les facines les unes à côté des autres, en travers des tranchées (fig. 6) qui ont par contre beaucoup plus de largeur

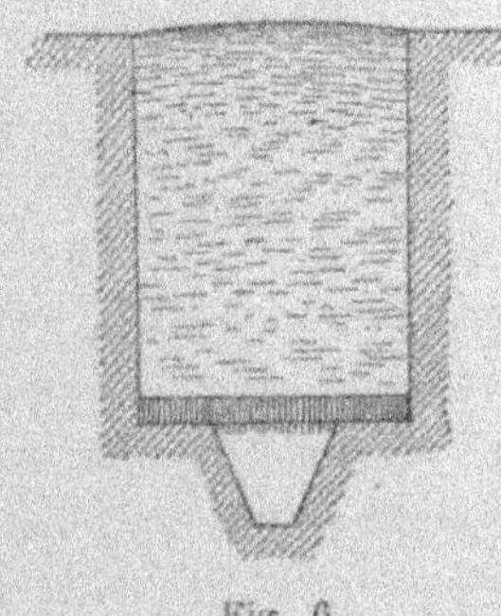

Fig. 6

que les tranchées dans lesquelles on pose des tuyaux en poterie.

Les drains garnis de fascines sont de trop courte durée, ils ne sont guère à recommander que pour faire un assèchement temporaire. Les branchages d'arbres résineux seront préférés, car ils ont la propriété de pourrir moins vite que ceux qui proviennent des arbres à feuilles caduques.

Drains en tourbe et en gazons.

Dans le cas de pénurie de tous les matériaux dont il vient d'être question, on a proposé de construire des drains avec de simples morceaux de gazon enlevés de la surface du sol. On creuse la tranchée, dit M. J. A. Barral, en donnant une certaine inclinaison aux parois et en ménageant deux épaulements quand on approche du fond (fig. 7). On chasse en-

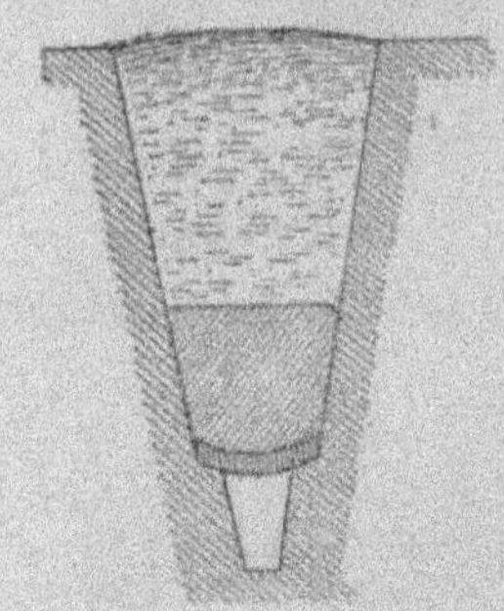

Fig. 7

suite la motte de gazon enlevée de la surface, de manière à l'enfoncer à force jusqu'à ce qu'elle pose sur les épaulements en conservant un vide au-dessous ; on achève de remplir avec de la terre pilonnée, puis avec de la terre simplement extraite par la fouille. Un pareil travail ne revient pas à beaucoup meilleur marché que le drainage en tuyaux de poterie, et il présente évidemment beaucoup moins de chance de durée.

Les drains en tourbe sont employés quelquefois dans les terrains tourbeux. Pour cela, on taille verticalement les parois de la tranchée, comme cela est représentée fig. 8 où l'on voit un drain de 1 m. 05 de profondeur exécuté en ménageant au bas deux épaulements qui précèdent une rigole plus étroite. On jette sur ces épaulements, la surface herbée en dessous, la première motte enlevée de la tranchée. On place ensuite les deux mottes détachées par le second coup de bêche. On remplit enfin avec la terre extraite par le bêchage suivant. Ce travail peut s'exécuter avec une grande précision dans les terrains tourbeux, qui se découpent bien à la bêche.

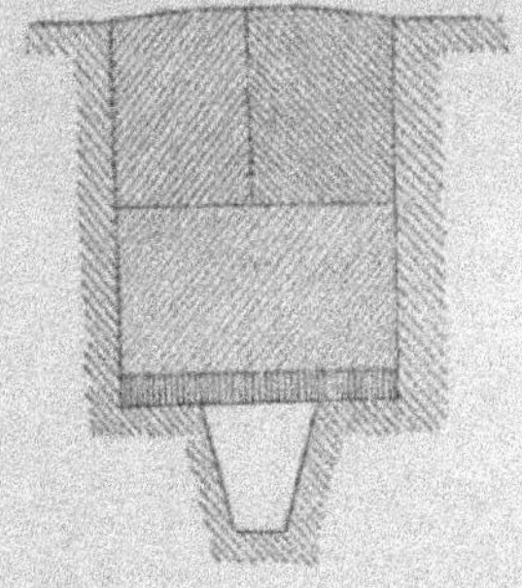

Fig. 8

Drains en coulée de taupe.

On donne ce nom à des drains faits en pratiquant dans la terre, au moyen d'une charrue particulière, un petit conduit cylindrique, qui rappelle par sa forme la trace laissée dans le sol à la suite du passage d'une taupe. Ce mode d'assaisissement a été pratiqué anciennement dans quelques parties de l'Angleterre.

Les instruments qui produisent ces sortes de drains sans tuyaux, sans pierres, sans fascines ni autres matériaux, sans aucun autre travail que leur simple passage dans le sol, ont été nommés *charrues-taupes* à cause de leur mode d'action.

Ces machines, comme le fait remarquer M. Barral, sont analogues à la charrue sous-sol. Seulement, le coutre, extrêmement fort, est terminé à sa partie inférieure par une pièce conique en fer ou en fonte, attachée horizontalement de manière à servir de soc. Le coutre traverse une poutre horizontale dans laquelle on le fixe par un coin, de manière à ce que le soc conique inférieur soit maintenu à une profondeur uniforme pendant la marche de l'appareil. Le mouvement est transmis à la poutre, qui se traîne à fleur de terre, par une chaîne qui s'enroule sur un cabestan manœuvré par des chevaux. La partie inférieure de la poutre est garnie de fer, pour éviter que son usure ne soit trop rapide.

On comprend qu'un pareil instrument ne peut fonctionner que dans une terre argileuse sans pierres, et que ce n'est que dans la glaise qu'on espère de garder les conduits souterrains semblables aux galeries de taupes que le soc conique a tracé profondément.

On rapporte que les drainages par la charrue-taupe exécutés dans des paturages situés sur un sol fortement glaiseux, et qui n'ont coûté qu'une vingtaine de francs par hectare, ont rendu de grands services, et que leur durée est même considérable. Nous ne voudrions pas cependant conseiller l'achat d'engins, tels que le cabestan, ses ancres, sa chaîne etc., en présence des procédés si simples du drainage complet avec les tuyaux en poterie, qu'il nous reste à développer dans les pages qui vont suivre.

CHAPITRE IV

DRAINAGE A L'AIDE DE TUYAUX EN POTERIE

Avantages des tuyaux. — Emploi des colliers ou manchons. — Diamètre des tuyaux. — Détermination mathématique du diamètre. — Tableau. — Longueur des tuyaux. — Pente à donner aux drains : drains de dessèchement ; drains collecteurs. — Tableau des pentes, longueurs et diamètres des drains. — Les regards ou cheminées.

Avantages des tuyaux.

Nous avons vu au chapitre I, comment les tuyaux de drainage ont été inventés. Il nous suffira d'ajouter que les tuyaux en poterie à section circulaire doivent être préférés à tous les matériaux dont on s'est autrefois servi pour garnir le fond des drains, car ils permettent d'obtenir les conduits les plus durables, les plus économiques, en un mot, les plus parfaits sous tous les rapports.

Ces tuyaux ont de 30 à 35 centimètres de longueur ; deux objections, si toutefois on peut leur donner ce nom, ont été faites contre les tuyaux, par quelques draineurs qui persévèrent dans l'emploi des tuiles et des semelles. Il est difficile, disent-ils, de donner aux tuyaux cylindriques une position stable sur le fond plat des saignées et d'empêcher qu'ils ne se dérangent lorsqu'on rejette la terre au-dessus d'eux ; en outre, ajoutent ces draineurs, lorsque de tels tuyaux sont posés bout à bout, l'eau ne peut s'introduire dans les conduits que par les intervalles qui séparent les tuyaux successifs, et ces joints sont évidemment trop exigus. M. Leclerc, prouve d'une façon péremptoire que ces deux objections ne sont pas sérieuses.

En premier lieu, dit-il, si l'on devait craindre pour la stabilité des tuyaux à section circulaire, il serait extrêmement facile de leur procurer une assiette convenable, soit en les garnissant extérieurement d'une semelle, soit en ménageant à leur surface quatre nervures qui, tout en empêchant le tuyaux de se déplacer, donnerait le moyen de le tourner dans diverses positions. Mais il n'est point nécessaire d'avoir recours à ces complications, car l'objection qui nous occupe repose entièrement sur la supposition que le fond du drain est plat et plus large que les tuyaux. Cette supposition est toute gratuite. Les bêches et les instruments que l'on emploie aujourd'hui pour creuser les saignées permettent de donner au fond de celles-ci, sans augmentation de dépenses, une forme cylindrique d'une largeur précisément égale au diamètre extérieur des tuyaux dont on fait usage. Toute chance de dérangement est ainsi écartée.

Examinons maintenant si les joints laissés entre les tuyaux successifs ne suffisent pas à l'écoulement de l'eau dans un sytème de drainage complet, et plaçons-nous, à cet effet, dans toutes les conditions les plus favorables aux adversaires des tuyaux. Supposons que les drains soient espacés de 20 mètres, que les tuyaux aient seulement un diamètre de 0 mètre 025 et une longueur de 0 mètre 30, qu'il tombe par une forte pluie une hauteur d'eau d'un centimètre dans l'espace de douze heures, que toute cette eau doive passer par les tuyaux et s'écouler en quarante-huit heures (1).

(1) Le temps nécessaire à l'assèchement du sol ne dépend pas seulement de la facilité avec laquelle l'eau est rendue dans

Dans ces circonstances, chacun des joints aura à livrer passage à un volume d'eau de 60 décimètres cubes, qui tombe sur une surface de 20 mètres de longueur et de 0 m. 30 de large, c'est-à-dire à 1 1/4 litre d'eau par heure. D'autre part, en admettant que le diamètre intérieur des conduits soit de 0 mètre 025, que l'épaisseur du joint soit de 0 mètre 002, que l'eau ne s'introduise dans les tuyaux que sur les trois quarts de leur contour, le vide entre deux tuyaux successifs sera de 0 mètre 00011. Il y a donc, pour livrer passage en une heure à 1 1/4 litre d'eau, une ouverture de plus d'un centimètre carré. Personne n'aura besoin de recourir à une expérience pour se convaincre qu'une telle ouverture est vingt fois trop considérable pour cet objet. Au reste, les tuyaux de 0 m. 025 de diamètre sont depuis longtemps employés avec succès ; pour notre part, dit M. Leclerc, nous en avons fait fréquemment usage, non seulement dans les terrains où ils devaient écouler les eaux pluviales, mais encore dans ceux où existaient des eaux souterraines ; toujours ils ont complètement desséché le sol. Il n'existe donc aucune objection sérieuse contre l'emploi des tuyaux à section circulaire, même d'un petit diamètre, tandis que de nombreux avantages militent en leur faveur.

Les manchons ou colliers.

Dans le placement des tuyaux, ceux-ci peuvent être mis simplement bout à bout. Cependant, au début du drainage anglais en France on les rendait solidaires au

les conduits, mais bien plus de la résistance qu'elle éprouve dans sa descente à travers le sol et le sous-sol et dans son mouvement latéral vers les drains. On a remarqué que l'eau qui tombe sur le terrain met de vingt-quatre à quarante-huit heures à s'écouler, suivant l'intensité des pluies et indépendamment de la dimension des conduits.

moyen de manchons ou colliers dans lesquels les extrémités des tuyaux successifs étaient emboîtées, il va sans dire que l'ouverture intérieure des manchons, excédait de quelques millimètres le diamètre extérieur des tuyaux afin de permettre l'introduction de l'eau. On en a également construit qui étaient percés de trous, mais leur prix trop élevé les a fait abandonner.

Dans les cas ordinaires, ces manchons n'ont pas d'utilité et le drainage fonctionne très bien sans eux, mais il est certains cas où leur usage peut être avantageux. Par exemple, quand la terre du fond des tranchées est molle et sujette à être détrempée et entraînée par l'eau ; leur emploi est également avantageux lorsqu'on se sert de tuyaux de petits diamètre pour lesquels un déplacement léger, soit dans le sens horizontal, soit dans le sens vertical, a des conséquences graves. Les manchons, pour ces drains de petit diamètre, donnent de la solidité au conduit et empêchent les tuyaux de se déranger.

Quant aux drains collecteurs, dont le diamètre est toujours plus grand, ils se mettent toujours sans collier. Nous insistons sur ce point, que dans les conditions les plus générales et lorsqu'on fait usage de tuyaux d'un diamètre suffisant, les colliers, manchons ou moufles ne sont pas nécessaires, car leur emploi augmente les frais de drainage d'un quart, sinon de moitié. En effet, comme la fabrication d'un manchon revient à un prix plus élevé que celle du quart d'un tuyau, et, en second lieu, comme la pose des tuyaux garnis de manchons se fait bien plus lentement, il est facile de voir que le prix du drainage se trouve de ce fait notablement augmenté.

D'ailleurs, le manchon en s'ajustant sur le tuyau, forme une proéminence, donc, un drain muni de moufle se trouvera plus élevé de quelques millimètres, à chaque joint, c'est-à-dire de trente en trente centimètres. Par conséquent, le tuyau ne posera pas à plat et laissera un vide au-dessous de lui, les tuyaux ainsi posés peuvent facilement être brisés lors du remplissage des branchées, et de ce fait amener des engorgements nuisibles.

Diamètre des tuyaux.

On ne doit pas employer de tuyaux de moins de $0^{m},03$ de diamètre intérieur pour les petits drains. M. H. Mangon, préfère même les tuyaux de $0^{m},035$ et nous partageons absolument cette manière de voir. On a fait, il est vrai, beaucoup de drainages avec des tuyaux de $0^{m},025$ de diamètre intérieur, et quelques personnes en recommandent encore l'usage, mais la légère économie qu'ils présentent comme matière première et façon, est bien loin de compenser leur plus grande fragilité, le soin extrême que nécessite la pose, l'obligation de rapprocher les collecteurs et enfin les dangers beaucoup plus multipliés d'engorgement.

Un tuyau de $0^{m},05$ à $0^{m},06$ de diamètre intérieur suffit, dans les cas ordinaires, pour écouler les eaux de 3 à 4 hectares de terrain. En se rappelant que le débit des tuyaux, toutes choses égales d'ailleurs, croît au moins comme le carré de leur diamètre, on calcule facilement, mais d'une manière grossière, d'après cette règle empirique, le diamètre des tuyaux nécessaires. Mais dans les opérations importantes, le diamètre des collecteurs doit être déterminé avec plus de précision, car il faut qu'ils soient suffisants, sans présenter un excès de diamètre qui se traduirait par une augmentation inutile de dépense. Ce qu'il y a de mieux à faire alors consiste à laisser ouverte la tranchée du collecteur pendant un certain temps, à jauger ses plus grands débits, et à calculer ensuite, par les formules ordinaires d'hydraulique, le diamètre du tuyau nécessaire pour débiter ce volume d'eau avec la pente dont on dispose. Pour cela, on se sert de la formule de M. H. Darcy, qui est la suivante :

$$\frac{J}{Q^2} = \frac{3.241 \text{ b } 1}{D^2}$$

formule dans laquelle les lettres ont les significations suivantes :

J = pente par mètre, et Q^2 = volume du débit exprimé en mètres cubes. Grâce à cette formule on a pu dresser la table suivante (1), qui permet de déterminer le diamètre d'un tuyau quelconque.

La pente, par mètre courant, d'un drain, et la quantité d'eau à évacuer étant connues, fait remarquer M. J. Laffineur, il sera facile de se servir de cette table. En effet, la déclivité par mètre d'un drain collecteur étant de $0^m,01$, et le volume d'eau à débiter étant de $0^m,012$, le diamètre sera donné par la relation suivante.

$$\frac{J}{Q^2} = \frac{0.01}{0,000144} = 69,4444.$$

Cette valeur se trouvant comprise entre celles du tableau 79.9725 et 52.8974, auxquelles correspondent les diamètres $0^m,12$ et $0^m,13$; nous pourrons en conclure qu'en adoptant un diamètre de $0^m,13$ pour les tuyaux du drain collecteur, nous aurons un débouché un peu plus que suffisant.

(On pourrait déterminer le diamètre des drains de dessèchement en faisant des calculs analogues à ceux relatifs aux collecteurs, mais la circulation de l'air dans le sol jouant un rôle très avantageux, on devra toujours employer, pour les drains ordinaires, des tuyaux de dimensions un peu supérieures à celles qui seraient données par le calcul).

(1) Voir page 52.

Mais dans les calculs qui précédent, il faut connaître le débit ; or laisser une tranchée ouverte pour le déterminer est assez long, parce que le régime régulier du débit des drains, répondant à une hauteur d'eau de pluie tombée dans un temps donné, ne s'établit qu'après la modification que le drainage exerce sur le sol auquel on l'applique. La méthode précédente ne convient donc que dans les circonstances assez rares où l'on peut laisser sans inconvénients les travaux inachevés pendant longtemps. On est donc obligé, en général, de déterminer *à priori* le diamètre des drains collecteurs.

Les formules ordinaires d'hydraulique permettent, fait remarquer M. Mangon, de calculer assez approximativement le volume d'eau que peut débiter, dans un temps donné, un drain d'une pente et d'une section connues. La difficulté est donc de savoir quelle est la quantité d'eau de pluie qui peut tomber en vingt-quatre heures sur la terre à drainer, et quelle est la fraction de ce volume d'eau que le drain doit écouler. La première partie de cette question est facile à résoudre par des observations pluviométriques directes, ou en se servant des données recueillies dans quelques localités voisines. Il n'en est pas de même de la seconde, sur laquelle on ne possède encore que des renseignements isolés et insuffisants. Dans l'impossibilité d'obtenir une solution rigoureuse, on est donc forcé d'en accepter d'assez arbitraires, qu'il serait trop long de développer. Je dirai seulement, continue M. Mangon, que j'ai souvent calculé le diamètre des drains de manière qu'ils puissent débiter en trente-six heures la moitié environ de la quantité d'eau versée, en vingt-quatre heures, sur la surface considérée par les fortes pluies du pays.

Cette manière de procéder est, on le répète, assez arbitraire, et je l'indique plutôt comme un exemple de ce qui a été fait que comme une règle à suivre. Ce qui précède s'ap-

Table de formules pratiques donnant les moyens de déterminer le diamètre d'une conduite, quand la pente par mètre et le volume d'eau à débiter sont donnés.

Diamètres	Sections	Valeur de $\frac{J}{Q^2}$	Diamètre	Sections	Valeur de $\frac{J}{Q^2}$
m.	m	m	m.	m.	m.
0.01	0.000079	38370410	0.31	0.075477	0.62027
0.02	0.000314	116878.62	0.32	0.080425	0.52834
0.03	0.000107	125105.267	0.33	0.085500	0.45217
0.04	0.001257	26269.560	0.34	0.090792	0.38878
0.05	0.001964	7933.9670	0.35	0.096212	0.33507
0.06	0.002827	3009.2618	0.36	0.101788	0.29052
0.07	0.003848	1332.5000	0.37	0.107521	0.25285
0.08	0.005027	660.7018	0.38	0.113413	0.22128
0.09	0.006362	356.7633	0.39	0.119459	0.19398
0.10	0.007854	206.1276	0.40	0.125644	0.17059
0.11	0.009504	125.5741	0.41	0.132026	0.14188
6.12	0.011310	79.9725	0.42	0.138545	0.13317
0.13	0.013273	52.8974	0.43	0.145221	0.11839
0.14	0.015394	36.0905	0.44	0.152053	0.10538
0.15	0.017672	25.5616	0.45	0.159043	0.09396
0.16	0.020106	18.1433	0.46	0.166191	0.08418
0.17	0 022698	13.3076	0.47	0.173495	0.07546
0.18	0.025447	9.9138	0.48	0.180906	0.06779
0.19	0.028353	7.5222	0.49	0.188575	0.06115
0.20	0.034636	5.7832	0.59	0.196350	0.05517
0.21	0.034636	4.5074	0.55	0.237583	0.03413
0.22	0.038043	3.5531	0.60	0.282744	0.02200
0.23	0.041548	2.8349	0.65	0.331832	0.01555
0.24	0.045239	2.2794	0.70	0.384846	0.01012
0.25	0.049088	1.8519	0.75	0.441788	0.007156
0.26	0.053098	1.51665	0.80	0.502656	0.005172
0.27	0.067256	1.25132	0.85	0.567451	0.003812
0.28	0.061575	1.04039	0.90	0.636174	0.002759
0.29	0.066052	0.87[illegible]64	0.95	0.708823	0.002178
0.30	0.070686	0.73356	1.08	0.785400	0.001682

plique exlusivement, il est presque inutile de le dire, aux terrains qui ne souffrent que des eaux de pluie qui tombent à leur surface.

Quant aux terrains traversés par des eaux de sources, il est absolument impossible de donner la moindre indication générale sur le volume d'eau à en entraîner. Il faut le déterminer, dans chaque cas particulier, par l'observation directe des tranchées d'essai ouvertes dans le sol à assainir.

Longueur des tuyaux.

Les tuyaux de drainage ont de 30 à 33 centimètres de longueur. Or, comme la plus grande quantité de l'eau qui entre dans les bons tuyaux en poterie s'infiltre seulement par les ouvertures, il va sans dire que les petits tuyaux qui multiplient les joints dans une étendue de drainage donnée seront préférables. Or, 1000 tuyaux cylindriques ayant 0m,33 de longueur, ont d'après M. Heuzé, les poids ci-après :

Diamètre intérieur.	Diamètre extérieur.	Poids.
0 m 03	0 m 05	60 k.
0 04	0 06	800
0 05	0 07	1000
0 06	0 08	1250
0 07	0 09	1500

La connaissance de ces poids peut être très utile lorsqu'il s'agit de transporter les tuyaux.

D'après le même auteur, on compte le plus généralement, par hectare, suivant l'écartement des drains, le nombre de tuyaux suivants :

Ecartement des drains	Longueur des drains	Nombre de tuyaux de 33 centimètres de long.
5 mètres	2000 m.	6000
10	1000	3000
15	670	2000
20	500	1500

Les parois des tuyaux n'ont pas besoin d'avoir une très grosse épaisseur, lorsque ces tuyaux sont de bonne qualité. Il nous reste maintenant à parler de la pente qu'on doit donner aux tuyaux de drainage et par conséquent aux tranchées dans lesquelles ils sont placés.

Pente à donner aux drains.

L'emploi des drains en poterie permet de donner aux tranchées, au fond desquelles les tuyaux sont placés, une pente longitudinale beaucoup plus faible que celle qui est nécessitée par les drains empierrés ou en fascines. D'ailleurs la pente que l'on donne aux tuyaux exerce non seulement une grande influence sur le fonctionnement du drainage, mais encore sur la durée des drains, car les obstructions et les dépôts sont moins à craindre lorsque la pente est forte et par conséquent la vitesse d'écoulement des eaux plus rapide. Les tuyaux à section circulaire opposent le moins de résistance au mouvement de l'eau ; les briques creuses sont à peu près dans les mêmes conditions sous ce rapport. A la rigueur, la pente à adopter pour les tuyaux en poterie, peut descendre à un demi-millimètre par mètre, mais c'est là une limite extrême qu'il n'est pas prudent d'adopter. On conseille, avec raison de ne pas aller au-dessous de deux millimètres par mètre, encore lorsqu'on est forcé d'adopter une pente aussi faible, faut-il apporter des soins tout particuliers au nivellement du fond des tranchées.

Drains de dessèchement. — Comme le fait remarquer M. Leclerc, il est presque toujours aisé d'obtenir pour les drains de dessèchement une pente supérieure à la limite que nous avons indiquée, parce qu'ils sont dirigés suivant la déclivité même du terrain. Lorsque l'inclinaison du sol est assez considérable, le fond des drains de dessèchement est établi parallèlement à la surface et il en suit les ondulations principales. Cependant, lorsque celle-ci ne présente que de faibles irrégularités, de très petites surélévations ou des dépressions peu profondes et peu étendues, il est préférable de conserver au fond des saignées une inclinaison régulière plutôt que de le modeler sur les accidents légers de la surface : les drains ont alors un peu moins de profondeur dans le creux et un peu plus à l'endroit des bosses.

Lorsque le terrain est très plat et que la disposition qui précède ne permet pas d'obtenir pour les conduits une inclinaison suffisante, on crée une pente artificielle, en diminuant graduellement la profondeur des saignées à mesure que l'on se rapproche de leur extrémité supérieure. La réduction total de profondeur se calcule alors facilement quand on connaît la longueur des rigoles et la forme de la surface du terrain.

Lorsqu'un drain devra présenter plusieurs pentes, il faudra toujours les distribuer de manière qu'elles augmentent successivement à partir de l'amont jusque vers l'aval. De cette manière, la vitesse de l'eau s'accélère plutôt qu'elle ne se ralentit, et les matières solides qui peuvent être tenues en suspension n'ont pas le temps de se précipiter et de créer ainsi des obstructions dans les tuyaux.

Drains collecteurs : — Les drains collecteurs doivent avoir également une pente aussi forte que possible et qui ne soit pas inférieure à 0m.002 par mètre. Pour l'obtenir dans les terrains peu inclinés, on a recours au même artifice que pour les drains d'assèchement, c'est-à-dire qu'on approfondit de plus en plus les collecteurs à mesure que l'on avance vers la décharge. On peut encore les mettre dans une position oblique par rapport à la déclivité du terrain, de manière que l'une de leurs extrémités soit à une hauteur convenable au-dessus de l'autre. Dans quelques circonstances on est obligé de prolonger les drains collecteurs à des distances considérables pour pouvoir se débarrasser des eaux.

Il convient, chaque fois que la chose est possible, d'augmenter la pente des drains collecteurs sur quelques mètres en arrière de la décharge, afin d'accélérer le mouvement de l'eau à la sortie et de déterminer un courant plus fort, capable de dépasser les matières qui feraient obstacle à l'écoulement ; cette précaution n'est point nécessaire quand la pente est assez considérable sur toute la longueur du drain. On peut agir de même à l'égard des drains de dessèchement au point où ils débouchent dans les collecteurs, c'est-à-dire augmenter leur pente près de l'embouchure sur une longueur de 2 à 3 mètres.

Cependant, pour les drains collecteurs, comme pour les drains de dessèchement, il ne faudrait pas trop exagérer la pente afin que l'eau n'acquierre pas une vitesse telle qu'elle pourrait être une cause de dégradation des matériaux employés à la construction des conduits.

Longueur des drains de dessèchement et des collecteurs.

En partant des équations du mouvement de l'eau dans une conduite rectiligne, à section circulaire et uniforme, on a calculé le tableau suivant, qui donne pour les distances de 16 à 18 mètres et pour quinze pentes différentes, la longueur qu'il est possible d'atteindre dans chaque cas,

Tableau indiquant pour diverses pentes et diverses distances, les longueurs que peuvent avoir les drains faits avec des tuyaux de $0^m,25$ de diamètre

Espacement des drains — mètres	Longueur des drains de desséchement pour une pente de :														
	0.002	0.003	0.004	0.005	0.006	0.007	0.008	0.009	0.010	0.012	0.014	0.016	0.018	0.020	0.025
6	157	192	222	248	272	294	314	333	351	385	416	445	471	497	556
7	135	165	190	213	233	252	269	286	301	330	356	381	404	426	476
8	118	144	166	186	204	221	236	250	264	289	212	333	354	373	417
9	105	128	148	166	182	196	209	222	234	257	277	296	314	331	371
10	94	115	133	149	163	176	189	200	210	241	249	267	283	298	333
11	86	105	121	135	149	160	171	182	192	210	227	242	257	271	303
12	79	96	111	124	136	147	157	167	176	192	208	222	236	248	278
13	73	89	102	115	126	136	143	154	162	178	192	205	218	229	256
14	67	82	95	106	117	126	135	143	151	165	178	191	202	213	238
15	63	77	89	99	109	118	126	133	141	154	165	178	189	199	222
16	59	72	83	93	102	110	118	125	132	144	154	167	177	186	208
17	55	68	78	88	96	104	111	118	124	136	144	157	166	175	196
18	52	64	74	82	91	98	105	111	117	128	136	148	157	166	185

avec des tuyaux de 0 m. 025 de diamètre. Afin de rendre les résultats des calculs applicables dans la pratique, on a admis que les fortes pluies ordinaires correspondent à une hauteur d'eau de 0 mètre 01 en vingt-quatre heures ; que la portion qui filtre à travers le sol et qui doit passer par les drains soit en moyenne les 0,745 de la masse totale qui tombe, comme le prouvent les expériences faites en Angleterre par M. Dickinson ; enfin que les saignées ont à débarrasser le sol de toute cette quantité d'eau en trente-six heures de temps.

Lorsque la disposition du terrain est telle que les drains de dessèchement doivent avoir une longueur supérieure à celle que comportent les tuyaux de 0 m. 25, on augmente le diamètre des conduits, à partir du point où la longueur limite est atteinte, en le portant à 0 m. 035 ; les drains peuvent alors être continués sur une très grande distance On peut aussi dans ce cas, interrompre les drains de dessèchement par un collecteur placé vers le milieu de leur longueur. Les circonstances déterminent lequel de ces deux moyens est le plus économique et le plus avantageux ; mais, en règle générale, il vaut mieux recourir aux derniers, plutôt que de faire des drains d'une très grande longueur. Quand on fait usage de drains collecteurs intermédiaires, les dépenses qui résultent de leur établissement sont balancées par l'économie résultant de la suppression d'une certaine partie des drains de dessèchement ; en effet, on ne doit point recommencer ceux-ci tout contre le collecteur, mais seulement à une distance de 4 à 5 mètres de ce dernier.

Les drains collecteurs peuvent avoir une longueur aussi considérable que les circonstances l'exigent, pourvu que l'on ait soin de régler convenablement le diamètre ou le nombre de tuyaux qu'on y place. Il est cependant fort prudent de ne point donner aux drains collecteurs une longueur trop forte, car alors certaines causes, sur lesquelles il est inutile de nous appesantir ici, peuvent occasionner des perturbations profondes dans l'écoulement des eaux ; une longueur de 200 à 250 mètres doit être considérée comme un maximum (1). Lorsque les circonstances obligent à prolonger les drains collecteurs au-delà de cette limite, on pratique de distance en distance des *cheminées* ou *regards* dont il nous reste à dire un mot.

Regards ou cheminées.

Les regards, ainsi que l'indique leur nom, ont pour but de faire connaître la hauteur de l'eau dans toutes les parties du champ drainé, ils permettent en outre d'observer l'écoulement de l'eau et de voir si les conduits fonctionnent bien. On les établit en maçonnerie de briques ou bien

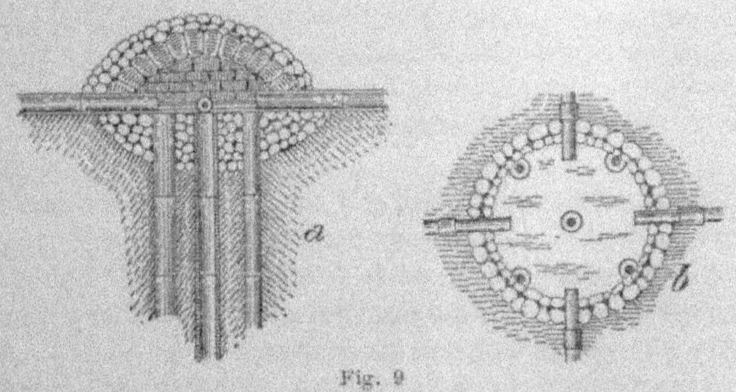

Fig. 9

plus simplement avec des tuyaux de grand diamètre superposés. Les regards (fig. 9) doivent être disposés de manière à ce qu'on puisse les fermer avec un couvercle en bois ou en pierre.

(1) J.-M.-J. Leclerc, *Traité du drainage.*

CHAPITRE V

FABRICATION DES TUYAUX

Comment agissent les tuyaux dans le sol ? — Tuyaux à parois perméables et tuyaux à parois imperméables. — Choix de la terre. — Composition chimique et qualité des terres à poterie.

Confection des tuyaux : Extraction des terres. — Préparation et malaxage. — Epuration. — Machines à étirer les tuyaux. — Séchage des tuyaux. — Cuisson des tuyaux. — Fabrication des manchons ou colliers. — Prix de revient des tuyaux. — Qualité des tuyaux.

Mode d'action des tuyaux en poterie.

Etant admis en principe, et d'ailleurs dûment démontré, que l'emploi des tuyaux en poterie, à section circulaire, constitue le meilleur mode de drainage, il nous faut voir maintenant les conditions que doivent remplir ces tuyaux et la manière dont on doit les fabriquer :

Divers systèmes ont été proposés, relativement aux *éléments* dont les tuyaux doivent être composés.

Il y a à cet égard, fait remarquer M. Kielmann, directeur de l'Ecole d'agriculture de Haasenfeld (Prusse), deux systèmes contradictoires : l'un veut que les tuyaux aient des *parois pénétrables*. Les tuyaux de cette espèce, qui se composent d'un corps poreux, sont toujours moins solides, lors même qu'ils sont d'une excellente cuisson, que les tuyaux composés d'un corps *non pénétrable*.

L'autre système *veut que les tuyaux ne soient pas formés d'un corps pénétrable*. Il faut donc, suivant ce système, employer une meilleure matière.

Nous ne rechercherons pas ici quel est le système préférable : nous examinerons seulement *la manière* dont l'eau rentre dans les tuyaux, conjointement à la grande quantité d'eau qui rentre à travers les pores de ces mêmes tuyaux. Suivant mes propres expériences, et je n'en citerai pas d'autres, les tuyaux d'une nature très poreuse, qui sont composés à cet effet de sept parties de sable et de trois parties d'argile, ne reçoivent par les pores, dans l'espace de vingt-quatre heures, que la huitième partie de la totalité de l'eau qu'ils sont destinés à recevoir dans cet espace de temps.

Un drain d'une largeur de 60 perches (2000 perches de 12 pieds chacune égalent une lieue ou 7.532 mètres 85 cent.) fait écouler, d'après le mesurage que j'ai fait moi-même, environ 90 mètres cubes d'eau ou 2.430 quarts allemands en 24 heures (30 quarts équivalent à 68,701 litres). Chacun des 720 tuyaux d'un pied de longueur ayant absorbé *par ses parois* à peu près 2 pieds cubes 1/2 ou 68 quarts d'eau, cela représente, sans établir un calcul scientifique, la trente-sixième partie de la totalité de l'eau que les tuyaux sont destinés à écouler. Il est évidemment clair, après de telles expériences, que les parois *pénétrables* ne sont d'aucune utilité ; car là où trente-cinq parties d'eau trouvent leur écoulement, la trente-sixième partie trouvera aussi son passage. On voit ainsi que la plus grande quantité d'eau rentrant par *les ouvertures* de ces tuyaux, le draineur ne doit s'occuper que de *ces ouvertures*.

En résumé, nous dirons que le système des tuyaux à parois pénétrables doit être entièrement rejeté, car ces tuyaux absorbent trop peu d'eau par leur pores et sont bien moins durables, par suite de leur composition dans laquelle entre le sable, que ceux qui sont fabriqués avec une matière grasse. J'ai fabriqué, sur la demande qui m'en a été faite, des tuyaux à *parois pénétrables* ; mais je suis entièrement revenu de mon erreur, et, à l'avenir, je ne fabriquerai plus que des tuyaux *d'argile pure*, c'est-à-dire d'argile lavée et ne contenant aucun mélange de sable, en un mot des tuyaux se composant de cent pour cent d'argile. Les tuyaux de cette espèce se conserveront assurément beaucoup plus longtemps dans la terre que les tuyaux à parois pénétrables.

Cependant, si les partisans du système des tuyaux à parois pénétrables, en présence du système des tuyaux à parois *non pénétrables*, ne sont pas encore suffisamment éclairés, nous n'avons qu'à leur répondre tout simplement que les tuyaux n'écoulent jamais une grande quantité d'eau plus considérable que celle qu'ils peuvent contenir. Lorsque les tuyaux se remplissent entièrement, il importe peu qu'une partie de cette eau rentre ou non par les parois.

Choix de la terre destinée à la fabrication des tuyaux.

Il s'agit, comme le fait remarquer M. J. A. Barral, d'obtenir une véritable poterie, qui présente assez de résistance pour subir des transports dans les champs, être maniée sans trop de soins, et ensuite être abandonnée durant des siècles à l'action de l'eau. Comme nous l'avons vu tout à l'heure, c'est de *l'argile* qu'il faut employer, et non pas de la *glaise*, car la glaise n'est autre chose qu'un mélange compacte d'argile et de sable siliceux.

Les tuyaux de drainage se fabriquant exclusivement aujourd'hui à l'aide de machines, l'argile en pâte dont on fait usage doit avoir une fermeté et une ductilité qui ne sont pas exigées au même point pour la pâte des tuiles.

Comme dans toute espèce de poterie, il faut faire une distinction essentielle entre les matériaux employés à la préparation de la pâte et les éléments qui constitueront la pâte faite ou cuite.

Dans la pâte en préparation, des corps complexes étrangers les uns aux autres sont rapprochés physiquement, mais non pas combinés chimiquement. Ces corps complexes sont les matériaux de la fabrication ; l'eau peut encore les désunir. Dans la pâte cuite, il s'est formé, entre tous les éléments des matériaux primitifs, des combinaisons nouvelles sur lesquelles l'eau n'a plus d'action ; ce sont des silicates multiples, c'est-à-dire des combinaisons d'acide silicique et de diverses bases, savoir : en très-grande partie de l'alumine, ensuite de la chaux, puis secondairement et en petites proportions, de l'oxyde de fer, de la magnésie, de la potasse, de la soude, de l'oxyde de manganèse. Le feu, c'est-à-dire la cuisson, est le seul moyen que l'on ait d'obtenir ces combinaisons fixes inaltérables par l'eau, par les acides, et d'autant plus inaltérables que le silicate sera plus exactement formé de ses éléments constitutifs sans le mélange d'éléments étrangers.

Les éléments essentiels sont seulement l'acide silicique et l'alumine ; alors on a une poterie réfractaire, c'est-à-dire infusible aux feux les plus forts de nos forges et de nos hauts fourneaux. L'alumine, seulement, est quelquefois remplacée en partie par de la magnésie. Les proportions de ces éléments indispensables sont les suivantes :

Silice. . 55 à 75 pour 100.
Alumine 35 à 25 —

Quand il y a de la magnésie, ce n'est, en général, que

de 1 à 5 pour 100 ; mais il pourait y en avoir de 35 à 25. Les principes accessoires sont plus variables encore en proportions que les précédents ; ce sont :

Chaux	0 à 19 pour 100.
Potasse.	0 à 5 —
Protoxyde de fer.	0 à 19 —

Ces éléments accessoires donnent à la poterie de la fusibilité, et permettent en conséquence à ses principes constituants de se combiner de manière à former plus facilement un tout résistant, et cela à une température d'autant moins élevée qu'ils sont plus abondants. Dans quelques pâtes cuites, il y a de l'acide carbonique (0 à 16) lorsque la chaux s'y trouve en assez forte proportion. Quant à l'eau, elle est presque toujours complètement chassée des pâtes par la chaleur ; elle n'existe que dans la pâte en préparation ; mais là, elle joue un rôle essentiel en servant : à mêler entre eux les divers matériaux naturels qui apporteront dans la poterie les éléments que nous venons de signaler ; à leur donner la mollesse nécessaire ; à les doter d'une certaine force adhésive ; à en développer les qualités plastiques.

On entend par *plasticité*, la faculté qu'ont certaines matières molles de prendre, sous la main de l'ouvrier, toutes les formes qu'il veut produire. On appelle *pâtes longues* celles qui jouissent au plus haut degré de cette faculté ; et *pâtes courtes* celles qui, au contraire, ne la possèdent que faiblement.

La plasticité n'est pas absolument indispensable au façonnage des pâtes céramiques ; on peut mouler par pression des matières à l'état de poussière. Mais une substance plastique se prête mieux au façonnage le plus facile et le plus ordinaire des pâtes, et en conséquence elle est très recherchée. La plasticité est donnée aux pâtes des poteries par des matériaux naturels, qui sont les argiles, les marnes argileuses, la magnésie.

Si la plasticité est une condition de première importance pour faciliter le façonnage des pâtes, elle a de graves inconvénients lorsqu'elle est portée à un trop haut degré. Une pâte trop plastique sèche difficilement et inégalement. Les pièces qui en sont faites éprouvent, par la dessication, une déformation considérable ; elles sont sujettes à se fendiller, tant pendant la dessication que pendant la cuisson. On corrige l'excès de plasticité par des matières *arides* ou *dégraissantes*, qui sont ou naturelles ou artificielles.

Les matières dégraissantes natürelles sont les sables. Tous les sables sont composés d'acide silicique ou silice, et de quelques substances étrangères, depuis 1 jusqu'à 9 pour 100 ; ces matières étrangères sont de l'alumine, de la chaux, de la magnésie, de l'oxyde de fer, un peu de potasse, etc.

Les matières dégraissantes artificielles sont : 1° des pâtes déjà cuites et ensuite pulvérisées auxquelles on donne improprement le nom de *ciment* ; 2° des escarbilles ou scories de forges ; 3° quelquefois, de la sciure de bois.

Tout sable qu'on rencontrera pourra être employé pour la fabrication des tuyaux de drainage, pourvu qu'il ne contienne pas de cailloux dont la grosseur approche de l'épaisseur des parois des tuyaux.

Quant aux matières plastiques, si elles peuvent toutes servir, leurs qualités ont besoin d'être appréciées pour savoir comment on les mélangera entre elles, et quelles proportions de matière dégraissante, c'est-à-dire de sable, on leur ajoutera. Il pourrait se faire qu'on trouvât une terre susceptible d'être employée sans aucun mélange. Commençons donc par indiquer les propriétés dont une pareille terre devrait jouir : 1° La terre, à laquelle on a ajouté une quantité convenable d'eau, doit être assez visqueuse pour prendre toutes les formes qu'on veut lui donner; assez ferme pour conserver ces formes ; composée de parties assez adhérentes pour qu'en passant à travers les filières des machines, celles-ci ne les séparent jamais ;

2° La terre ne doit contenir aucune partie de craie pure, de la grosseur même de 1 milimètre, car la cuisson produirait alors de la chaux, et, plus tard, en contact avec l'eau, cette chaux, en fusant, ferait éclater le tuyau ; il ne doit s'y trouver non plus aucune parcelle de pyrite ou sulfure de fer, qui produirait le même accident ;

3° Il faut qu'elle sèche facilement et également ;

4° Que la dessication nécessaire pour permettre de s'échapper à l'eau qui a servi à donner de l'adhérence aux parties, s'effectue sans que les fentes se produisent, sans qu'aucune déformation apparaisse, sans que les tuyaux gauchissent. Ceci posé, nous pouvons faire apprécier les diverses matières plastiques à employer dans la fabrication des tuyaux de drainage (1).

Donc, si théoriquement l'argile plastique pure convient le mieux, comme le prétend Kielmann, en pratique il faut une argile *lavée* ou renfermant un peu de sable. M. Leclerc cite dans son ouvrage, une argile qui fournit, sans addition d'aucune autre matière, des tuyaux d'excellente qualité. Elle appartient au terrain éocène inférieur de la formation tertiaire, et elle est exploitée, entre autres endroits, à Léau, près de Saint-Trond (Belgique), où elle sert à la fabrication des tuiles et de divers produits céramiques.

L'analyse mécanique de cette terre, faite au moyen de la dessication, de la calcination et de la lévigation, a donné les résultats suivants :

(1) J.-A. Barral, *Manuel de drainage des terres arables.*

Sable	46. 8
Argile	45. 6
Eau	5. 5
Matières organiques carbonisées	2. 1
Total.	100. 0

Parce qu'elle renferme une proportion relativement très forte de sable quartzeux, cette terre forme avec l'eau une pâte assez tenace et qui acquiert une dureté très grande par la dessication ; la cuisson ne la rougit que médiocrement. Elle doit être considérée comme un excellent type d'argile à tuyaux de drainage, et sa composi tion, qui la range parmi les argiles *figulines* communes, peut servir aux potiers comme base des mélanges à faire lorsqu'ils n'ont pas à leur disposition une terre naturellement convenable. Le degré de consistance que doit présenter la pâte pour être mise en œuvre dépend. en grande partie, de la dimension des tuyaux que l'on veut faire. Pour les tuyaux d'un grand diamètre, plus sujets que les autres à se déformer au sortir des machines, la pâte doit être plus ferme et plus dense. Les tuyaux subissant un retrait variable avec leur calibre, il est quelquefois nécessaire de préparer une pâte spéciale pour les tuyaux de différents diamètres.

Fabrication des tuyaux

Lorsqu'on a une grande étendue de terres à drainer et qu'on dispose de la matière première nécessaire à la fabrication des tuyaux, on a généralement avantage à les faire soi-même. Comme la valeur du drainage dépend en outre, dans une large mesure, de la qualité des tuyaux employés, nous devons nous occuper ici de cette fabrication.

Elle comporte huit articles bien distincts que nous résumons aussi succinctement que possible. Ce sont :

1° L'extraction des terres.

2° Préparation et malaxage.

3° Epuration.

4° Machine à étirer les tuyaux.

5° Séchage des tuyaux.

6° Cuisson.

7° Fabrication des manchons ou colliers.

8° Prix de revient de la fabrication.

Extraction des terres. — Autant que possible, les terres doivent être extraites longtemps à l'avance, elles restent exposées au contact de l'air. C'est ainsi qu'on les tire à la fin de l'automne pour les employer en mars ou avril ; pendant ce temps les terres mises en tas peu épais sont retournées tous les quinze jours environ afin que toutes les parties soient exposées au contact de l'air et que la gelée les divise bien lorsque plusieurs espèces de terres doivent être mélangées. Le mélange doit se faire au moins quinze jours à l'avance, il est pratiqué dans une fosse en maçonnerie.

Lorsque l'argile dont on dispose est pure, c'est-à-dire exempte de pierres et qu'elle a été exposée à l'air pendant l'hiver, il suffit de la corroyer avant de la faire servir à la fabrication, mais si elle renferme des cailloux ou des matières étrangères, elle doit être préalablement épurée.

Préparation et malaxage. — Le plus généralement, le corroyage s'effectue dans un appareil spécial appelé *pétrin-malaxeur*, par une série de couteaux disposés en hélice autour d'un arbre vertical qui est mis en mouvement par un manège ou autrement. La terre étant convenablement détrempée, ou mélangée, on la jette dans le malaxeur, les couteaux divisent, corroient, compriment le tout et la terre est obligée de sortir par le fond du tonneau.

Epuration de la terre. — Lorsque la terre renferme des pierres ou des substances étrangères d'un fort volume, il est indispensable de l'épurer. Il y a plusieurs manières de procéder à cette opération.

En Angleterre, le système le plus usité consiste à faire délayer l'argile dans un bassin creusé en terre, comme s'il s'agissait d'éteindre de la chaux ; à remuer la boue obtenue pour la bien mélanger, et à la faire passer ensuite au travers d'une grille, dans un bassin situé en contre-bas où elle tombe purgée des corps étrangers qui la souillaient. Il n'y a plus qu'à laisser évaporer la masse dans ce second bassin et lorsque la terre a acquis une consistance pâteuse assez ferme, elle est bonne à être employée. Alors elle exige tout au plus une trituration à la main.

Un autre moyen consiste à écraser toutes les pierres que renferme l'argile à l'aide d'un appareil particulier composé de deux tambours en fonte de 50 centimètres de diamètre, placés horizontalement à côté l'un de l'autre et ne laissant entre eux qu'un intervalle de quelques millimètres. Une trémie en bois surmonte l'appareil et reçoit la terre qu'on y amène. Celle-ci, après avoir passé entre les cylindres, sort en feuillets minces et comprimés, qui tombent sur le sol, se replient les uns sur les autres et forment enfin une masse parfaitement exempte de pierres. De là, l'argile est conduite au malaxeur qui la corroie et lui donne l'homogénéité voulue.

Machines à étirer les tuyaux. — La terre étant épurée et amenée au degré de consistance voulue, on peut l'étirer en tuyaux. Un grand nombre de machines sont employées dans ce but. Nous n'en décrirons qu'une seule, celle de Dovie, qui est à action discontinue et qui est avantageusement employée dans toutes les circonstances où l'on ne veut faire annuellement qu'une faible quantité de tuyaux. C'est par excellence la machine qui convient à l'agriculteur qui veut faire lui-même ses tuyaux. Cette machine, dont nous empruntons la description à M. Leclerc, se compose d'une caisse en fonte, parfaitement alésée à l'intérieur et d'une capacité d'environ trente-quatre décimètres cubes, dans laquelle se meut horizontalement un piston dont la tige est formée par une crémaillère en fer. Cette tige est mise en mouvement au moyen d'une manivelle (fig. 10),

Fig. 10

par l'intermédiaire d'un système de roues dentées et de pignons convenablement combinés pour grandir l'effort du moteur. La caisse est fermée du haut par un couvercle en fonte, qui peut glisser entre deux coulises pratiquées dans le dessus des parois latérales de celle-ci, et qui porte sur sa face supérieure une crémaillère ; quand on veut le faire glisser dans les rainures pour ouvrir la boîte, on pousse l'arbre de la manivelle dans le sens de sa longueur, de manière à faire engrener le pignon avec cette crémaillère ; puis on faire mouvoir le couvercle en agissant sur la manivelle. La paroi d'avant de la caisse est amovible et formée par une plaque en fonte qui compose le moule ou la lunette. Elle est percée d'un nombre plus ou moins considérable d'ouvertures semblables au contour extérieur des pièces qu'on veut mouler ; au centre de chacune est un noyau en fonte, qui a exactement la forme du vide ou du contour intérieur de ces pièces. La fig. 11 montre sous

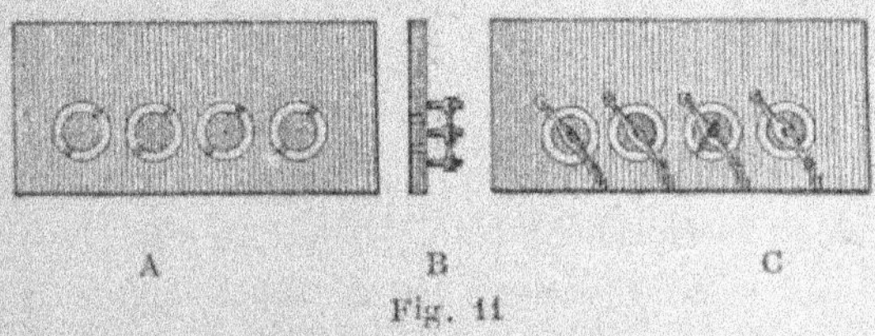

Fig. 11

toutes ses faces une lunette destinée à faire des tuyaux à section circulaire, de 0m,025 de diamètre, ainsi que la manière dont les noyaux sont reliés à la plaque. A est une vue de devant de la lunette ; B une vue de côté ; C une vue de derrière.

En avant de la caisse est une table horizontale, composée de plusieurs toiles sans fin, que portent de petits rouleaux en bois bien mobiles, et sur laquelle les tuyaux se placent d'eux-mêmes au sortir de la machine. Des archets reliés à une charnière qui règne sur toute la longueur de la table, chacun d'eux étant garni d'un fil de laiton tendu fortement, servent à couper les tuyaux lorsqu'on rabat l'ensemble des archets sur la table. Un timbre indique aux ouvriers que le piston est parvenu au bout de sa course.

La manœuvre de cette machine exige deux hommes et trois enfants, qui travaillent de la manière suivante. Supposons que la terre ait été amenée près de la machine, en blocs d'environ 0 mètre 40 de longueur sur 0 mètre 25 de largeur et 0 mètre 20 d'épaisseur, et que le coffre soit ouvert. Un homme prend la terre et la projette violemment dans la caisse, afin de l'y tasser fortement et d'expulser l'air aussi complètement que possible ; lorsque la boîte est remplie, on referme le couvercle qui, en glissant dans ses rainures, coupe toute la pâte en excès sur ce que la caisse peut contenir ; on enlève la partie surabondante, qui gênerait le mouvement de l'arbre de la manivelle, puis l'homme dont nous avons parlé, aidé d'un second ouvrier, met le piston en mouvement. A mesure que celui-ci avance, la pâte qu'il comprime s'échappe par les ouvertures de la lunette ; les tuyaux qui sortent, en nombre plus ou moins grand suivant leur diamètre, s'appuient sur les toiles sans fin qu'ils mettent d'eux-mêmes en mouvement, et ils s'avancent ainsi jusqu'au bout de la table, sans se déformer sensiblement. Lorsque le bout de la rangée de tuyaux atteint l'extrémité de la table, l'un des ouvriers abandonne un instant la manivelle pour abaisser l'appareil qui doit les couper à la longueur voulue et le relever ensuite. Puis le mouvement du piston recommence aussitôt, et l'on continue ainsi jusqu'à ce que le timbre indique que l'outil est arrivé au bout de sa course.

Un gamin qui se tient devant la table, enlève successivement toutes les pièces moulées et les dépose sur des rayons d'environ 1 mètre 50 de longueur, placés à côté de la machine. Il est muni pour cela d'un mandrin en bois (fig.

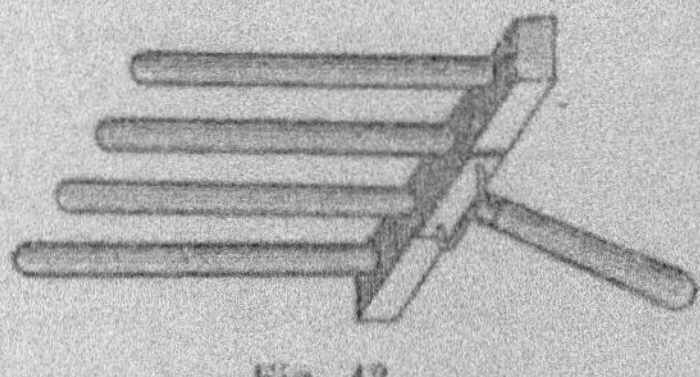

Fig. 12.

12), garni d'un nombre plus ou moins considérable de tiges qu'il introduit dans les tuyaux, de manière à pouvoir enlever et transporter ceux-ci sans les déformer. De temps à autre, les bâtons du mandrin doivent être plongés dans un baquet plein d'eau. Deux autres gamins prennent les rayons à mesure qu'ils sont remplis et les transportent sous le hangar où doit se faire la dessication ; ils en rapportent chaque fois un ou plusieurs rayons vides, qu'ils placent à côté de la machine. Aussitôt que le piston est parvenu au bout de sa course, on ouvre le coffre comme nous l'avons expliqué plus haut, puis agissant avec les mains sur la grande roue que l'on voit sur le côté de la machine, on fait rétrograder le piston et on le ramène à son point de départ ; après quoi on procède au remplissage de la caisse, pour recommencer ensuite toute la série d'opérations que nous avons décrite. Lorsqu'en cours de travail on s'aperçoit qu'il se trouve devant l'une des ouvertures du moule une pierre qui fend sur toute sa longueur le boyau de terre sortant de la machine, on arrête immédiatement celle-ci et on extrait la pierre à l'aide d'un petit crochet en gros fil de fer.

La machine de Dovie confectionne quatre tuyaux de 0 mètre 025 de diamètre à la fois ; sa caisse contient assez de terre pour 57 ou 58 tuyaux de ce calibre et de 0 m. 32 de longueur. Le temps nécessaire pour faire parcourir au piston toute sa course est d'environ 2 minutes 3 secondes, et il faut 90 secondes pour reculer le couvercle, remplir la caisse, la refermer et enlever les bavines. Cette machine peut produire 9770 petits tuyaux en dix heures de travail ; en comptant 770 tuyaux pour les déchets de tous genres, qui n'atteignent jamais un chiffre aussi élevé, il reste encore une production de 9.000 tuyaux par jour. La main d'œuvre pour mouler 1000 tuyaux revient donc à 66 1/2 centimes en comptant la journée des hommes à 1 fr. 50 et celle des gamins à 1 fr. Toutefois cela suppose que la pâte ait été préalablement bien travaillée ; si elle contient des pierres, il faudra employer la machine pendant la moitié du temps à peu près pour épurer l'argile, et en tenant compte de ce travail préparatoire, qui exige le concours de trois hommes, la main d'œuvre par mille tuyaux sera portée à 1 fr. 165. Le travail de cette machine est sujet à des pertes de temps considérables, car on a vu qu'après avoir fonctionné durant 123 secondes, le piston subit un repos forcé de 90 secondes, qui équivaut à peu près au tiers du temps total, et pendant lequel un ouvrier et trois gamins restent inoccupés. C'est dans le but de faire disparaître ou du moins de réduire la durée de ces moments d'arrêt, que l'on a imaginé de construire une machine du même système avec deux caisses et deux pistons (1).

La machine de Dovie à double caisse se conduit à peu près comme la machine simple, sauf qu'elle exige un personnel plus nombreux. Deux hommes agissent sur la manivelle ; un troisième remplit alternativement chaque caisse ; un gamin se tient à l'extrémité de l'une ou de l'autre table pour en enlever les tuyaux, et deux hommes transportent les rayons, qui dans ce cas doivent avoir une longueur d'environ trois mètres, et seraient trop lourds pour deux enfants.

Cette machine fournit 2632 tuyaux de 0 mètre 025 de diamètre à l'heure, soit 26.320 tuyaux en une journée ordinaire.

Séchage des tuyaux. — Les tuyaux étirés et coupés comme il vient d'être dit, doivent être séchés dans un endroit convenable où ils n'aient à subir ni l'action trop vive du soleil ni celle de la gelée.

Le plus souvent le séchage se fait sous des hangars couverts qui dans beaucoup de cas sont clôturés par des murs à jour faits au moyen de briques mises de champ et ne se rejoignant pas sur une même ligne horizontale.

(1) M. Leclerc, *Traité de drainage*, pages 343 et suivantes.

La disposition de ces séchoirs peut varier de bien des manières, mais toujours ils doivent réunir les conditions suivantes :

1° Etre assez grands pour contenir tous les tuyaux.

2° Etre disposés de telle sorte qu'on puisse à volonté y introduire un courant d'air ou l'arrèter.

3° L'aménagement intérieur doit être tel que le placement et le déplacement des tuyaux soit facile.

Les tuyaux à désssécher peuvent être placés sur des claies empilées les unes sur les autres, c'est le procédé le plus généralement suivi, cependant M. Kielmann en emploie un autre, qui nous semble préférable en raison de sa simplicité. Il fait sécher les tuyaux sur des planches qui sont faites d'une manière particulière : Deux briques sont posées à terre sur l'un de leurs côtés, et sur ces briques on place une planche, sur celle-ci, deux autres briques et une autre planche, et ainsi de suite de façon à avoir cinq planches.

Ces échafaudages mobiles (fig. 13) sont extrêmement commodes, et offrent surtout une grande facilité pour

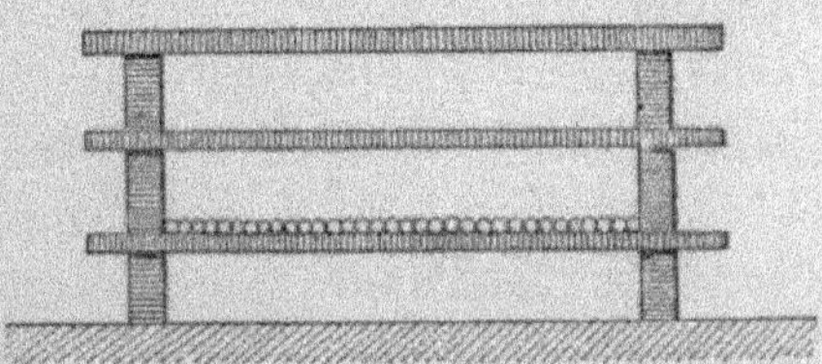

Fig. 13

enlever les tuyaux sans peine, lorsqu'ils sont desséchés. On peut alors mettre en leur place les tuyaux nouvellement fabriqués et choisir l'endroit où ils sèchent le mieux.

L'opération du dessèchement des tuyaux est loin d'être aussi facile qu'elle le paraît. Au début, il est essentiel de soustraire les tuyaux à l'action d'un courant d'air, il faut au contraire l'éviter à tout prix, si l'on ne veut voir les tuyaux se fendre de haut en bas, et cela d'autant plus sûrement que l'argile employée serait plus grasse.

Les tuyaux d'argile détrempée supportent un peu mieux l'action du courant d'air au début, mais il arrive que ces tuyaux se tordent en se désséchant. Cet accident est même assez fréquent ; il va sans dire que les tuyaux bien droits et *nullement* courbés seront toujours préférés, car lorsqu'ils sont courbés, l'eau ne peut s'écouler en ligne droite, puisqu'elle est obligée de suivre les sinuosités des tuyaux, de ce fait même l'écoulement est moins rapide ; d'ailleurs ces tuyaux se cassent facilement.

Pour éviter la courbure des tuyaux on les superpose en établissant deux rangées, en ayant bien soin qu'ils se touchent parfaitement les uns les autres ; en serrant également les tuyaux dans le sens de la hauteur, on évitera les courants d'air et les tuyaux en séchant resteront droits. De cette manière, le dessèchement sera un peu plus lent, mais c'est là un bien petit inconvénient.

Lorsque les tuyaux seront parfaitement desséchés on les portera sans retard à la cuisson.

Cuisson des tuyaux. — C'est la partie la plus importante de la fabrication, car elle a une importance considérable sur la qualité des tuyaux. Tout four à tuiles peut servir à la cuisson des tuyaux, mais un four de potier est préférable.

La cuisson détermine la combinaison chimique des diverses substances qui ne sont qu'à l'état de mélange dans la pâte.

On cuit au bois, à la tourbe ou à la houille, suivant la valeur de ces combustibles dans l'endroit où l'on se trouve.

D'après M. Kielmann, il n'y a que deux choses à observer dans la cuisson des tuyaux : il faut d'abord que la chaleur les pénètre pour qu'ils soient entièrement cuits : et ensuite il faut éviter qu'ils ne se cassent. Le premier résultat, c'est-à-dire une bonne cuisson par un feu qui pénètre toutes les parties des tuyaux, ou une *cuisson au rouge*, dépend principalement de la construction commode du four et de l'entretien continuel d'un feu ardent et flambant pendant la durée de la cuisson. La chaleur du four doit être telle que l'argile des tuyaux entre presque en fusion et prenne une teinte vive (1).

On évitera le second inconvénient, c'est-à-dire la cassure des tuyaux, en les dressant *debout* dans le four. Les tuyaux simplement couchés sont fort exposés à se casser, et cela n'a pas lieu quand on les met debout.

La pose des tuyaux offre aussi des difficultés ; elles proviennent surtout de ce que les tuyaux qui sont déjà placés debout dans le four sont choqués par les autres tuyaux qu'on y introduit, et peuvent ainsi s'écraser facilement. Cependant un peu de réflexion, ce qui est utile ici comme partout ailleurs, nous fera trouver le remède ; et si le menuisier dit proverbialement, en parlant d'une matière propre à son état: « La colle n'est pas une mauvaise chose, » il est bien permis de dire au poseur de tuyaux : « La paille n'est pas une mauvaise chose. » En effet, un simple bouchon de paille suffit pour prévenir l'écrasement des tuyaux.

Quand on a des tuyaux de différents diamètres à enfourner, on les met les uns dans les autres pour gagner de la place, c'est-à-dire qu'on insinue un tuyau de grosseur moyenne dans un gros tuyau et un petit tuyau dans un tuyau moyen. C'est d'après les dimensions de ces différents tuyaux qu'on détermine s'ils peuvent facilement s'emboîter les uns dans les autres.

(1) Pour plus de détails concernant les fours et la cuisson, voir le *Guide du Briquetier et du Chaufournier*, par E. Lejeune. Bibliothèque des actualités scientifiques. 2 vol., B. Tignol, éditeur, Paris.

Fabrication des manchons ou colliers.

La fabrication des manchons est excessivement simple. Ce sont simplement des tuyaux qui sont divisés sur leur longueur en un certain nombre de tronçons ou fragments qui restent adhérents les uns aux autres et que l'on ne sépare qu'au moment où les manchons doivent être mis en œuvre.

Avec un tuyau ordinaire on fait généralement quatre colliers ; leur diamètre intérieur excède d'environ un centimètre celui du diamètre extérieur des tuyaux sur lesquels ils doivent être appliqués.

Pour faire ces manchons, on se sert d'une planche rectangulaire (fig. 14) garni de trois lames d'acier tranchantes et parallèles faisant une sautée de3 mm. environ. On prend les tuyaux en partie desséchés et on les roule sur cette planche placée sur une table.

Le tuyau se trouve ainsi divisé en fragments qui n'ont plus entre eux qu'une assez faible adhérence, mais qu'on ne sépare comme il a été dit, qu'après le séchage complet et la cuisson qui s'opère d'ailleurs absolument comme pour les tuyaux.

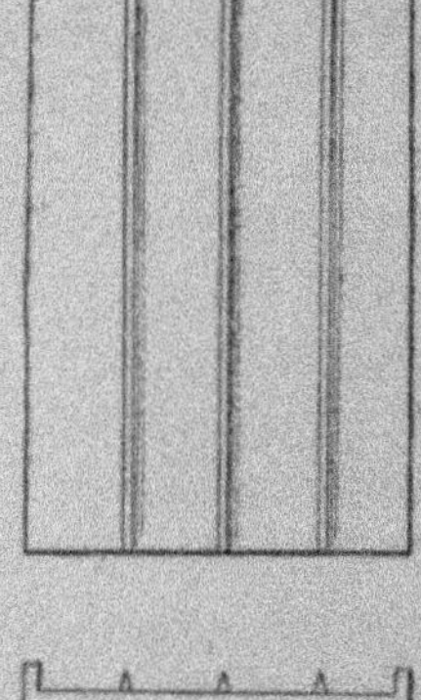

Fig. 14.

Prix de revient des tuyaux.

M. J.-A. Barral, a particulièrement étudié cette question, c'est à son intéressant travail que nous aurons recours pour résumer ce sujet, dont l'importance n'échappera à personne.

Si les tuyaux nous semblent tout à fait indispensables pour effectuer de bons travaux de drainage, nous devons dire, toutefois, que leur valeur n'entre que pour une fraction dans le prix du drainage d'un hectare. Une économie que l'on fait dans le prix d'achat, malgré son importance réelle, ne doit donc pas être considérée comme une raison déterminante de l'exécution d'une pareille amélioration du sol. Il y a lieu de tenir compte, avant tout, des frais de main d'œuvre que nous établirons plus tard. Cette remarque nous a paru nécessaire pour qu'on ne se méprît pas sur les avantages que peuvent présenter les tuyaux à très bon marché, mais d'une mauvaise qualité, que les eaux pourraient corroder et détruire. Une opération de drainage doit être un héritage légué pour jamais par celui qui l'a exécuté, à tous ceux entre les mains desquels les champs pourront tomber à la suite des siècles.

M. Vincent, qui fabrique à Lagny (Seine-et-Marne), établit les prix suivants pour 1000 tuyaux de 0 m. 040 de diamètre intérieur :

Extraction de 0,8 m. cub. de matière première	0 f. 50
Transport à la fabrique	0 5
Mélange des terres	0 50
Malaxage à la botte et à la pelle	3 00
Etirage à la machine	3 50
Soins pour le retournement et l'empilage au séchoir	1 00
Transport au four	0 50
Rangement dans le four	0 25
Soins pendant la cuisson	2 00
Combustible (200 kilog. houille)	5 00
Défournement	0 50
	17 f. 25

« A cette somme il faut ajouter 5 fr., pour intérêts du

capital engagé, usure des outils, loyer, impôts (400 fr.), etc., ce qui porte le prix de revient à 22 fr. sur place. »

M. Vitard, secrétaire de l'association de drainage de l'Oise, a adressé à M. Barral, sur la fabrication,de précieux renseignements. Cette association livre les tuyaux aux cultivateurs à prix coûtant. M. Vitard fait trois sortes de tuyaux, ainsi qu'il suit :

Numéros	Diamètre intérieur	Poids de 1000 kil.	Prix de revient de 1000 kil.
1	0 m 0250	680 k.	16 f. 21
2	0 0537	980	22 13
3	0 0575	1400	35 27

A côté des prix de revient, nous allons maintenant placer les prix de vente.

Ceux de M. Vincent sont :

Numéros	Diamètre intérieur	Prix de 1000 tuyaux
1	0 m 040	28 f.
2	0 060	30

Dans son troisième rapport au gouvernement de Belgique, sur l'état du drainage dans ce pays, M. Leclercq indique les prix de vente qui suivent ; il est à noter que les draineurs belges emploient toujours les manchons ou colliers pour relier les tuyaux.

		Prix de 1000 tuyaux pris à l'usine dans les fabriques de	
Numéros	Diamètre intérieur	Haine-St-Pierre, Tubize, Gembloux, Liège, Ghislenghien, etc.	Audenarde
1	0 m 025	15 f.	16 f.
2	0 035	18	19 25
3	0 050	22	24 00
4	0 060	25	29 00
5	0 080	32	35 00

Les manchons des tuyaux précédents se vendent :

Numéros	Prix de 1000 manchons pris aux fabriques de Baine-St-Pierre	Audenarde
1	4 f. 50	5 f. 50
2	5 50	6 50
3	7 00	7 50
4	11 00	8 50
5	18 00	11 00

Les prix de revient, en Angleterre, sont encore beaucoup plus bas qu'en Belgique ; mais les prix de vente sont presque les mêmes. Voici comment M. Hodger établit les prix de revient et de vente des tuyaux fabriqués avec le four temporaire et avec la machine de Hatcher.

Numéros	Diamètre intérieur	Prix de revient de 1000 tuyaux	Prix de vente de 1000 tuyaux	Nombre de tuyaux traînés par un charriot attelé de 4 chevaux.
1	0 m 025	5 f. 94	15 f. 00	8000
2	0 032	7 50	17 50	7000
3	0 044	10 00	20 00	5000
4	0 057	12 50	25 00	3500
5	0 070	15 00	30 00	3000

Tous ces tuyaux ont une longueur excédant 0 m. 305, étant cuits.

Qualité des tuyaux de drainage

Etant donné toute l'importance qu'il y a à faire usage de tuyaux de bonne qualité, existe-t-il des moyens pratiques permettant de juger ces tuyaux, soit à la vue, soit au moyen d'essais très simples ? Oui, ces moyens sont à notre disposition, voici les principaux.

Les tuyaux doivent être d'une belle couleur rouge, franche, ce qui indique une bonne cuisson. Les tuyaux *pâles* doivent être rejetés.

Les tuyaux doivent être droits, sans fissures.

Lorsqu'on brise un tuyau, la cassure doit être nette et doit laisser voir un grain serré et une texture bien uniforme. Deux tuyaux frappés l'un contre l'autre, doivent rendre un son clair et métallique.

Un tuyau de plus petit calibre, posé sur deux appuis de manière à ce qu'il ait en porte-à-faux une longueur de 22 centimètres, doit supporter, sans se rompre, le poids d'un homme.

Les tuyaux mis dans l'eau pendant vingt-quatre heures ne doivent pas absorber plus de 10 pour 100 de leur poids d'eau.

Enfin, M. Hervé-Mangon, conseille d'essayer les tuyaux par la méthode qui est employée pour reconnaître la gélivité des pierres à bâtir. Ce procédé est basé sur la propriété que possède le sulfate de soude d'augmenter de volume en cristallisant. Pour l'appliquer aux tuyaux de drainage, on immerge ceux-ci pendant un quart d'heure, dans une dissolution bouillante à 2 à 3 parties de sulfate de soude et d'une partie d'eau ; puis on les expose à l'air pendant huit ou dix jours, s'ils sont de bonne qualité, ils doivent non seulement ne pas se fendre, mais ne point s'écailler.

CHAPITRE VI

ÉTUDE PRÉLIMINAIRE D'UNE ENTREPRISE DE DRAINAGE

Tracé du drainage. — Levé du plan. — Nivellement. — Relief du sol. — Exécution graphique. — Plan du drainage. — Signes conventionnels.

Tracé du drainage

Toute entreprise de drainage doit être précédée d'une étude préliminaire qu'il importe de faire avec beaucoup de soins et sur laquelle nous ne saurions trop appeler l'attention.

Ces opérations préliminaires comportent :

1° Le lever du plan du champ à drainer.

2° Le nivellement.

3° L'exécution graphique du projet de drainage.

Lever du plan.

De même qu'avant de construire une maison, il faut lever le plan du terrain sur lequel elle doit être édifiée, de même avant de drainer un champ, il faut en lever le plan. De même que l'architecte dessine d'abord sur le papier la maison qu'il veut construire, de même le draineur doit d'abord tracer un plan indiquant la position des divers drains, leur raccordement, etc. C'est grâce au plan qu'on peut calculer à l'avance la longueur des saignées, et la quantité de tuyaux nécessaires, ce qui permet d'évaluer approximativement la dépense.

Les plans du cadastre dont on serait tenté de se servir dans ce cas, pour abréger le travail, ne peuvent être utilisés pour les entreprises du drainage, car ils ne sont pas assez détaillés pour cet objet, étant donné qu'un plan de drainage doit faire mention des moindres choses : clôtures, haies vives, arbres isolés, lignes de plantation, sources, fossés, tous ces détails doivent être notés et rapportés sur le plan à l'échelle avec leur position exacte.

Toutes ces opérations du lever du plan sont d'ailleurs d'une extrême simplicité.

On procède en mesurant une base rectiligne qu'on choisit à volonté et que l'on marque par des jalons, simples bâtons munis d'un fragment de papier que l'on enfonce dans le sol à des distances déterminées. A cette ligne, qu'on prendra de préférence dans le sens de la plus grande longueur du champ, on rapporte les points remarquables du terrain, en abaissant de ces points des perpendiculaires que l'on mesure, et dont on fixe le pied sur la base.

Comme on le voit, cette méthode n'est autre chose qu'une application du procédé géométrique bien connu de tous les arpenteurs, par lequel on représente la position d'un point dans un plan par des coordonées menées parallèlement à deux axes rectangulaires, celui des *abscisses* et celui des *ordonnées*.

Deux instruments suffisent pour effectuer ces opérations. Ce sont : l'équerre d'arpenteur et la chaîne-décamètre, que nous n'avons pas à décrire ici.

Quand le terrain est très ondulé, on tend, comme le recommande M. Barral, la chaîne au-dessus des ondulations, en la tenant aussi horizontalement que possible, en s'aidant de deux jalons bien droits que l'on tient à la main. Mais lorsque le terrain est régulièrement incliné, il faut mesurer sa longueur réelle suivant la pente. Pour les levés des plans ordinaires, on réduit ensuite à l'horizon par le calcul des longueurs mesurées, selon la méthode dite de *cultellation*, d'après laquelle on mesure le sol toujours horizontalement, quelle que soit l'inégalité de sa surface. Cette méthode est fondée sur ce fait que par suite de la direction verticale que prennent les végétaux, un terrain en pente n'en contient pas davantage qu'un terrain uni. Pour les travaux de drainage, il faut avoir les longueurs réelles suivant les pentes des terrains, parce que ce sont ces longueurs qui donneront celles des tuyaux à employer.

En se servant des principes élémentaires de la théorie géométrique des parallèles et des propriétés des triangles rectangles, on peut aisément résoudre les questions suivantes qui se présentent le plus généralement dans le lever du plan :

1° Mener une perpendiculaire à une droite accessible.

2° Mener par un point une parallèle à une droite accessible.

3° Mesurer la distance d'un point inaccessible au point où l'on se trouve.

4° Mener par un point une parallèle à une droite accessible.

5° Mesurer la distance de deux points inaccessibles.

6° Prolonger une droite au-delà d'un obstacle infranchissable.

7° Partager un champ en planches parallèles à une direction donnée.

Ces problèmes suffisent en agriculture.

Quel que soit le but qu'on se propose, il faut qu'on tienne un carnet bien en ordre donnant les numéros des stations, la désignation exacte des côtés mesurés et leur longueur en regard. Un croquis doit figurer toutes les lignes mesurées.

Il arrive quelquefois que les contours du champ qu'on veut drainer sont très irréguliers et sinueux, ou bien que les extrémités ne sont pas fixées bien nettement, dans ce cas, il est indispensable de mettre à la place de quelques-uns des jalons dont on a fait usage pour lever le plan, de forts piquets fortement enfoncés dans le sol, et qui plus tard servent de points de repère pour le tracé des drains.

Nivellement

Quoique cette opération ne soit pas beaucoup plus difficile que la précédente, elle demande néanmoins des soins encore plus minutieux, car c'est d'après les notions obtenues par le nivellement qu'on peut seulement rédiger les projets de drainage.

On fait généralement le nivellement après avoir levé le plan comme il a été dit précédemment. Toutefois M. Leclerc, l'éminent draineur belge, que nous avons eu si souvent occasion de citer, conseille de ne procéder au lever du plan qu'après avoir fait le nivellement. On abrège considérablement les opérations en agissant de la sorte, parce que l'on peut du même coup prendre au moyen du graphomètre la position des points nivelés ou celle des lignes horizontales.

Quoi qu'il en soit, le nivellement est de première importance, car c'est lui qui doit faire connaître le relief du terrain, les lignes de plus grande pente, la direction des drains de dessèchement, la position des collecteurs, les points de décharge et la profondeur des tranchées.

Nous ne pouvons entrer ici, dans le détail de toutes les

opérations que comporte le nivellement, nous renverrons le lecteur aux traités spéciaux publiés sur cette matière. Nous résumerons seulement ce sujet d'après l'excellent travail de M. Barral.

Le nivellement est simple ou composé. Il est simple lorsqu'on n'a pour but que de trouver la différence de hauteur existant entre deux ou plusieurs points, lorsqu'on n'a pas à faire plus d'une station au niveau ; il est composé si le niveau doit être porté en plusieurs stations.

Pour un nivellement simple, on place le niveau en A (fig. 15) à peu près à égale distance des deux points B et C,

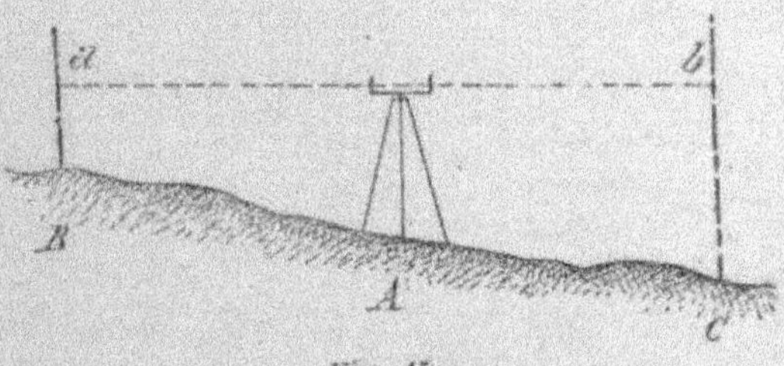

Fig. 15.

dont on veut trouver les différences de hauteur. La mire étant en B, on fait la lecture de la hauteur B*a* au niveau du rayon visuel, et le porte-mire se transporte en C, où l'on fait la seconde lecture de la hauteur C*b*, du rayon visuel du même instrument au-dessus du sol. La différence cherchée est C*b*—B*a*.

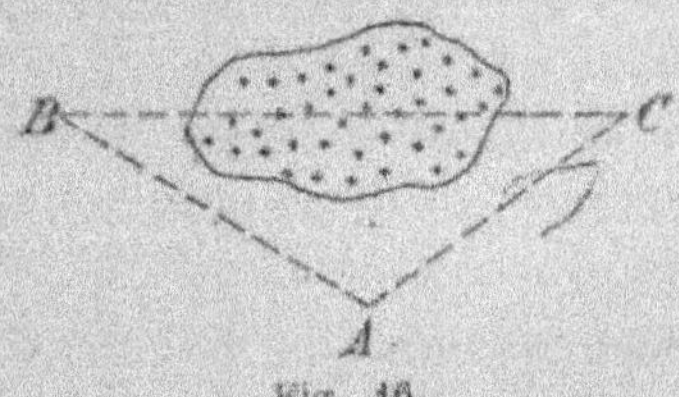

Fig. 16.

Quand il y a des bâtiments ou autres objets entre les deux points à niveler, de telle sorte qu'on ne puisse pas mettre le niveau à peu près entre les deux points, on le porte sur le côté, en un point A (fig. 16) d'où on puisse apercevoir à la fois les deux points B et C, et on donne ensuite de la station deux coups de niveau dont la différence fournit la quantité cherchée.

Pour effectuer un nivellement composé, on partage la longueur à niveler en portions de 30 à 40 mètres, dans le cas de l'emploi du niveau d'eau ; de 100 à 150 mètres si on fait usage d'un niveau à lunette. On marque les sections ainsi faites par de petits pieux enfoncés dans le sol aux points de nivellement 1, 2, 3, 4, 5, 6 (fig. 17). On place alors

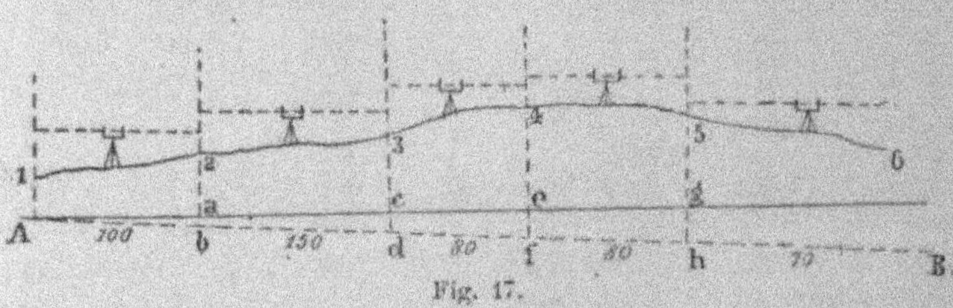

Fig. 17.

le niveau à peu près au milieu, entre les points 1 et 2, ce qui est la première station. Le porte-mire tient la mire au point d'*arrière* 1 ; on ajuste le niveau et on fait la lecture. Le porte-mire se transporte au point 2, et donne un coup de niveau *à l'avant*. On transporte le niveau à peu près au milieu, entre le 2me et le 3me point, ce qui est la deuxième station ; le 2me point devient le point d'arrière, et le 3me celui d'avant ; on continue à faire les lectures de la même façon jusqu'à la fin de la distance totale. Il est bon de faire chaque fois deux lectures et de prendre la moyenne des deux observations.

Les observations devront être portées dans un carnet dont nous donnons le modèle.

Les désignations des têtes des colonnes s'expliquent d'elles-mêmes. La première colonne indique les endroits

Carnet de nivellement

Numéros des sections	Longueurs horizontales comprises entre les points successifs de nivellement.	Numéros d'ordre et désignation des points de nivellement	Cotes rapportées aux plans partiels de nivellement				Cotes rapportées au plan général	Cotes des plans partiels de nivellement rapportées au plan général	Croquis pris sur place et Observations
			Cotes avant		Cotes arrière				
			Cotes directement observées	Moyennes	Cotes directement observées	Moyennes			
1	2	3	4	5	6	7	8	9	10
		1			1 m. 561 1 m. 570	1 m. 565	10 m. 000		
1	100 m.							11 m. 565	
		2	0 m. 880 0 m. 884	0 m. 882			10 m. 683		
2	150 m.				1 m. 644 1 m. 650	1 m. 647		12 m. 330	
		3	0 m. 746 0 m. 740	0 m. 743			11 m. 587		
3	80 m.				1 m. 886 1 m. 888	1 m. 887		13 m. 474	
		4	0 m. 906 0 m. 909	0 m. 903			12 m. 571		
4	80 m.				1 m. 112 1 m. 116	1 m. 114		13 m. 687	
		5	1 m. 980 1 m. 998	1 m. 984			11 m. 701		
5	70 m.				0 m. 780 0 m. 788	0 m. 786		12 m. 485	
		6	1 m. 908 1 m. 906	1 m. 907			10 m. 578		

où on pose successivement le niveau. La seconde colonne donne les distances entre les points à niveler, et la troisième les numéros d'ordre de ces points. Les coups de niveau d'avant et les coups de niveau d'arrière viennent ensuite dans les colonnes 4 et 6, et nous avons mis ici à peu près les chiffres qu'eût fourni le nivellement réel du terrain de la figure 17.

Pour avoir les cotes numériquement, on imagine à une profondeur de 10 mètres, ou plus grande s'il le faut, au-dessous du premier point n° 1, un plan horizontal AB. Alors les nombres de la colonne 8 indiquent les hauteurs A1, *b*,2, *d*3, *f*4, *h*5, B6 de la figure et les nombres de la colonne 9 les hauteurs, au-dessus du plan fictif A B, des rayons visuels menés successivement par les cinq stations du niveau. Les calculs s'effectuent facilement de la manière suivante :

Hauteur du point 1.	10 m 000
Hauteur du 1er plan visuel = 10 m. + 1,567 =	11 565
Hauteur du point 2 = 11,565 — 0,882 =	10 683
Hauteur du 2e plan visuel = 10,683 + 1,647 =	12 330
Hauteur du point 3 = 12,330 — 0,743 =	11 587
etc., etc.	

Dans la dernière colonne, n° 10, on doit faire sur le terrain un croquis de l'opération, et mettre toutes les observations nécessaires pour ajouter à sa clarté, en désignant les accidents de terrain, les arbres, les noms des champs, etc. D'après l'exemple que nous avons choisi, on voit que la différence de niveau entre les points 1 et 6 est de 0 mètre 578, pour une distance totale de 480 mètres, ce qui ne fait par mètre que 0 mètre 0012, chiffre un peu faible pour un bon drainage ; mais on peut mener une ligne *Aaceg* faisant un angle suffisant pour que l'inclinaison soit par exemple de 0 mètre 002 par mètre, et alors on calcule facilement les hauteurs *ba*, *de*, *fe*, etc., et par suite les quantités dont il faut creuser aux points de nivellement 1, 2, 3, etc., pour avoir une tranchée de drainage parallèle à la ligne de pente adoptée (1).

Lorsque la configuration du terrain est tout à fait irrégulière, l'opération est un peu longue, dans ce cas on peut procéder autrement :

Le relief du sol est alors représenté au moyen de coupes horizontales d'une élévation plus ou moins forte les unes au-dessus des autres, ces lignes sont ensuite relevées et rapportées sur le plan ; par leur forme, ces lignes dites *de niveau* montrent, au premier coup d'œil, les hauteurs et les dépressions du terrain.

Tous les points de chacune des lignes de niveau sont donc situées à une même hauteur sur le terrain. Sur un terrain absolument plan, les lignes de niveau sont droites ; pour un terrain irrégulier, elles ont une forme plus ou moins sinueuse.

Les courbes de niveau peuvent être équidistantes en hauteur ; suivant que la déclivité du terrain est faible ou forte, on les trace de 50 cm. à 1 mètre 50 les unes des autres.

L'ensemble des courbes de niveau est relevé pour être rapporté plus tard sur le plan. On comprend facilement que ces lignes indiquent au premier coup d'œil la place que doivent occuper les drains collecteurs. On nivelle alors, à la manière ordinaire, l'emplacement de ceux qui ne seraient pas nivelés suffisamment déjà par les courbes, en ayant soin de prendre les cotes de tous les points où il y a changement de pente pour qu'on puisse déterminer avec facilité les profondeurs des drains collecteurs en leurs diverses parties.

(1) J.-A. Barral. *Manuel du drainage des terres arables.*

Enfin, le plan du terrain étant levé bien exactement, et le nivellement, de quelque manière qu'il soit exécuté, étant fait avec la plus grande minutie, on a tous les éléments désirables pour dessiner le projet détaillé dont il nous reste à parler.

Exécution graphique du projet.

Le levé du plan à drainer est rapporté à l'échelle de 1 millim. par mètre qui est la plus commode et la plus employée.

Le relief du sol est représenté par les courbes horizontales en pointillé et les cotes sont inscrites sur le plan (entre parenthèses). Sur le plan, on indique, selon les conventions adoptées en topographie, les limites du champ, les fossés, les haies, les arbres, les bornes etc. Les drains de dessèchement et les collecteurs sont figurés par des couleurs ou des grosseurs différentes. Les cheminées ou regards sont indiqués par un petit carré au carmin ; si elles ne doivent pas s'élever jusqu'à la surface on les marque par des traits pleins. Les drains étant tracés, on marque sur le plan leur longueur calculée à l'échelle, leur profondeur est également indiquée (entre parenthèses) avec une encre colorée, rouge ou bleue. Les bouches de décharge sont figurées par de petits croissants dessinés à l'extrémité des drains principaux. (Voir le plan au commencement du uolume.)

CHAPITRE VII

EXÉCUTION DES TRAVAUX SUR LE TERRAIN

Epoque des travaux. — Piquetage. — Application du plan sur le terrain. — Transport des matériaux. — Ouverture des tranchées. — Instruments employés. — Outils français, outils anglais. — Régularisation du fond des tranchées.
Cas particuliers : Terrains pierreux. — Terrains mouvants. — Vérification de la pente. — Pose des tuyaux. — Raccordement. — Remplissage des tranchées.

Epoque.

L'époque à laquelle on exécute les travaux de drainage est loin d'être indifférente. Le printemps et l'automne sont de bonnes saisons car, à ces moments de l'année, le sol a été suffisamment détrempé par la pluie, et il se laisse facilement entamer par les instruments.

Suivant la remarque de M. Heuzé, l'été est la saison qu'il faut choisir de préférence quand il s'agit d'ouvrir des tranchées dans des terrains bas, où l'humidité est abondante depuis l'automne jusqu'à la fin de l'hiver. Les prairies marécageuses et les terrains tourbeux ne peuvent être drainés que pendant la belle saison.

Quoiqu'il en soit, on a toujours intérêt à commencer les travaux quand les champs sont temporairement abandonnés à l'état de jachère et qu'ils commencent à s'engazonner. En général, les travaux et la circulation des ouvriers se font plus aisément sur un terrain gazonné, par exemple une vieille luzernière, un paturage usé, que sur un sol qui la été ameublé par des labours et des hersages, surtout orsqu'on opère soit en automme, soit à la fin de l'hiver.

Les travaux pratiques du drainage comprennent :

1° Le piquetage ;

2° Le creusement des tranchées ;

3° La pose des tuyaux ;

4° Le remplissage des tranchées.

Piquetage.

Application du plan sur le terrain. — Le plan du drainage étant exécuté, il faut maintenant l'appliquer sur le terrain. Le plan est donc remis au contre-maître chargé des travaux. Sa première opération, qui doit précéder l'arrivée des ouvriers sur le terrain, est le piquetage du travail.

A l'aide des points de repère que présentent les clôtures, les arbres et les autres objets remarquables du champ, on retrouve facilement, fait observer M. Hervé-Mangon, la position des drains tracés sur le plan et on en fixe la position sur le sol, en s'aidant de la chaîne d'arpenteur, pour les rattacher entre eux et aux repères. On trace d'abord l'axe ou *ligne-milieu* des drains collecteurs en plaçant des jalons à leurs extrémités et aux points où ils présentent des angles. On indique ensuite la position de l'axe des petits drains en plaçant un jalon à chacune de leurs extrémités et un ou deux autres jalons dans l'intervalle des deux premiers.

Les jalons indiquent la direction des lignes de drains, mais ils ne fourniraient aucun moyen de déterminer la profondeur des tranchées, et de régulariser la pente des files de tuyaux. La facilité avec laquelle les jalons sont dérangés par le vent ou la malveillance obligerait, du reste, presque toujours, à les remettre en place plusieurs fois pendant la durée du travail. Il est donc indispensable de compléter le tracé du drainage sur le terrain au moyen de points fixes assez solides pour qu'on ne craigne pas de les voir déplacer pendant le travail. Ce sont de forts piquets en bois de 0 m. 50 environ de longeur enfoncés dans le sol à coups de marteau et placés comme on va le dire.

On enfonce, en général, les piquets à 0 m. 50 en dehors de la ligne-milieu des tranchées, indiquée par les jalons, pour qu'ils ne soient pas compris dans l'ouverture de la fouille. Pour éviter toute confusion ils sont tous placés du même côté, sur la droite, par exemple, des tranchées, si les ouvriers doivent jeter la terre à gauche.

On met un piquet à chaque extrémité des drains, et on en place d'autres dans l'intervalle, de manière qu'ils soient *au plus* à 50 mètres les uns des autres. On doit, d'ailleurs, enfoncer un piquet à tous les points de changement de pente de drains, et à tous ceux où la profondeur est plus grande ou plus faible que la profondeur normale adoptée.

Les têtes des piquets sont rattachées à l'aide du niveau aux points de repère qui ont servi au nivellement du plan lui-même, et on les enfonce plus ou moins, de manière que les sommets de ces piquets soient *tous à la même hauteur* au-dessus du fond des tranchées.

Cette hauteur est, en général, égale à la profondeur normale adoptée, augmentée de 0 m. 10 ou 0 m. 20.

En opérant comme on vient de le dire, les lignes droites passant par le milieu des têtes des piquets sont parallèles au fond des tranchées et fournissent, comme on le verra, le moyen de régler la précision la plus absolue. On s'assure d'ailleurs, que la pente d'un piquet à l'autre, pente qui est la même que celle du drain lui-même est suffisante. On obtient ainsi une vérification du nivellement fourni par le plan, et l'on rectifie au besoin les erreurs qui auraient pu être commises dans la première opération.

Chaque piquet porte le numéro d'ordre assigné sur le plan au drain auquel il appartient. On évite ainsi toute incertitude, et on facilite singulièrement le règlement des attachements des ouvriers.

Quelques personnes indiquent sur le terrain, avant le commencement du travail, le tracé des drains par un sillon peu profond exécuté avec une bêche ou une charrue légère. Cette opération préliminaire ne paraît pas utile, elle ne fournit aucune indication de plus que les jalons et occasionne, sans profit, une dépense assez notable.

La description du mode de piquetage que nous venons de décrire paraît assez compliquée. Mais ce travail emploie moins de temps à exécuter qu'il n'en faut pour l'expliquer: chaque piqueur peut, en quelques heures, préparer le travail des ateliers les plus nombreux. On ne saurait assez tenir la main à ce que l'on procède toujours comme on vient de le dire. On rend ainsi les erreurs tout à fait impossibles, et l'on simplifie tellement la vérification des tranchées et la pose des tuyaux, que l'on gagne en réalité beaucoup plus de temps dans le cours de l'exécution qu'il n'en a été employé au piquetage détaillé du drainage.

On peut s'occuper, après l'achèvement du piquetage, de transporter les tuyaux sur place et d'ouvrir les tranchées (1).

Transport des matériaux. — Les matériaux servant à faire les conduits des drains sont, comme nous l'avons déjà vu,

(1) *Encyclopédie pratique de l'Agriculteur,* article Drainage, par Hervé-Mangon.

des pierres, des fascines, des briques ou plus habituellement des tuyaux en poterie. Au fur et à mesure que ces matériaux arrivent sur le terrain, on les arrange le long des lignes de drains. Ces matériaux peuvent être transportés avant l'ouverture des tranchées et placés, mais il est préférable, croyons-nous, surtout si on emploie les tuyaux, de ne les transporter et de ne les placer qu'une fois les tranchées ouvertes, pour éviter d'en briser pendant le cours des travaux de terrassement. Ou bien on les transporte en même temps que d'autres ouvriers creusent les tranchées, ce qui est encore préférable. Quoi qu'il en soit, l'ouvrier qui décharge les voitures de tuyaux, doit apporter beaucoup de soins à cette opération pour n'en briser que le moins possible. Lorsqu'on fait usage des colliers ou manchons, les précautions doivent être plus minutieuses encore. Au fur et à mesure que les tranchées sont ouvertes. on dispose les tuyaux perpendiculairement à la direction des fossés, à une distance les uns des autres égale à leur longueur ; lorsqu'on fait usage des colliers, comme cela se fait couramment en Belgique, on enfile un manchon sur chaque tuyau et l'on tourne du côté de la rigole le bout qui le porte. Les tuyaux sont posés du côté opposé à celui où les ouvriers jettent la terre.

Ouverture des tranchées.

Quelle que soit la nature des matériaux employés pour garnir les rigoles, l'ouverture de celles-ci se fait à peu près de la même manière.

La largeur des tranchées à ouvrir n'a rien d'absolu ; elle varie généralement entre 30, 50 et 70 centimètres au sommet et 7, 10 à 15 centimètres au fond suivant qu'il s'agit de drains de dessèchement ou de drains collecteurs. Quant à leur profondeur, elle est celle de la profondeur adoptée pour le drainage, sujet sur lequel nous nous sommes suffisamment étendu pour qu'il soit inutile d'y revenir.

D'une manière générale, on peut poser en principe que la largeur des tranchées doit être réduite autant que possible, afin de diminuer autant qu'on le peut le cube de terre à remuer.

Les talus sont plus ou moins inclinés suivant la nature du terrain ; dans les terrains légers, friables et pierreux, l'inclinaison sera plus grande que dans les terres consistantes, ce qui revient à dire que la largeur au sommet sera plus grande dans les premiers que dans les seconds.

Pour procéder à l'ouverture d'une tranchée, sa direction étant indiquée par des piquets et des jalons, on tend un cordeau de 20 à 25 mètres dans cette direction, et le long de ce cordeau, on trace une ligne droite au moyen d'une lourde bêche, ou d'une bêche spéciale en forme de langue

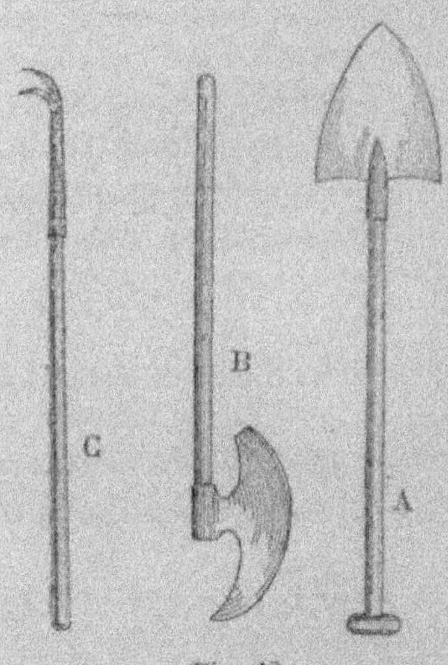

Fig. 18

de bœuf (A, fig. 18). Si le sol est garni d'un gazon très épais et très touffu, la bêche précédente est avantageusement remplacée par une sorte de hache, analogue à celle dont on se sert dans les Vosges pour l'ouverture des rigoles d'irrigation ; c'est une hache courbe dont le tranchant mesure environ 30 centimètres, qui est munie d'un long manche de 1 m. 10 à 1 m. 15, et qui, maniée avec les deux mains, fait une profonde coupure dans le gazon (B, fig. 18). Il va sans dire que le cordeau est reporté parallèlement à lui-même à la distance qui détermine la largeur du sommet de la tranchée et une seconde ligne est tracée de la même façon.

Nous ouvrons ici une parenthèse pour faire remarquer que le creusement des tranchées doit toujours être entrepris par les parties les plus basses du champ, afin de ménager un écoulement facile aux eaux que l'on rencontre en creusant les tranchées, ou à celles qui tombent durant l'exécution des terrassements.

On commence donc, pour chaque système de drains, par le collecteur, en avançant toujours vers les parties les plus élevées, puis on attaque successivement, en allant de bas en haut, tous les drains de dessèchement qui s'y déversent.

La tranchée étant marquée comme il vient d'être dit, les terrassiers commencent la fouille.

Mode opératoire et instruments employés. — M. Hervé-Mangon conseille de partager les ouvriers en brigades de trois hommes. Le premier trace la tranchée comme il vient d'être dit, et fait une première levée de terre à 30 ou 40 centimètres de profondeur ; le second approfondit la tranchée en prenant une seconde prise de terre de 40 centimètres. Le troisième achève la tranchée et régularise les faces latérales.

M. Leclerc, conseille les brigades de cinq hommes ; nous sommes également de cet avis, car le travail ainsi fait est beaucoup plus parfait. Or, dans une entreprise de drainage, la perfection est loin d'être un luxe inutile.

Avant de décrire ce procédé, il nous faut donner quelques indications préliminaires.

Dans l'ouverture des tranchées, il est recommandé de placer toujours du côté droit les terres du fond, afin de ne pas mélanger les deux couches lors du remplissage des tranchées, ce qui serait une opération détestable étant donné que la terre du fond est généralement de mauvaise qualité.

Si on opère sur un terrain gazonné, dans une prairie par exemple, on coupe à la bêche les tranches enherbées et avec un crochet, représenté en C (fig. 18), on les place rapidement sur le côté gauche de la tranchée en les retournant de manière à mettre l'herbe en dessous pour éviter sa dessication. Ce mode de procéder permet d'utiliser à nouveau les gazons de la prairie et évite le réengazonnement par semis, c'est-à-dire une perte d'argent, une perte de temps et un retard dans la végétation.

Voici maintenant comment M. l'ingénieur Leclerc conseille l'exécution des travaux. Le chef de brigade enlève la terre végétale sur une épaisseur d'environ 30 centimètres; il travaille à reculons et il a soin de se servir de la bêche en la tenant des deux mains par la poignée supérieure, et non, comme nos terrassiers en ont souvent l'habitude, en posant une main sur la poignée et l'autre sur le manche. Il enfonce complètement la bêche dans la terre en appuyant ou en frappant du pied sur l'arête supérieure du fer ; il incline ensuite le manche vers lui en lui imprimant quelques légères secousses qui détachent la terre ; il enlève celle-ci, en saisissant d'une main la bêche par le bas du manche, tandis que l'autre main reste à la poignée, et il la dépose sur le côté de la rigole qui a reçu ou qui doit recevoir plus tard les matériaux nécessaires à la construction du conduit. Chaque tranche que l'ouvrier emporte de la sorte peut avoir 0 m. 25 à 0 m. 28 de largeur. Lorsqu'il a déblayé le drain sur une petite longueur, un autre ouvrier suit, travaillant la face vers le premier et enlevant avec la pelle la terre ameublie qui reste toujours au fond de la tranchée après chaque creusement à la bêche.

Un troisième ouvrier fait une seconde levée. Il marche à reculons et se sert d'une bêche plus étroite. Il est obligé de pratiquer d'abord une incision sur les côtés latéraux du fossé, ce qu'il fait de manière à donner aux talus une légère inclinaison. La nouvelle levée a, comme la première, environ 0 m. 30 de profondeur ; quand elle est faite sur une petite étendue, le second ouvrier vient en nettoyer le fond avec sa pelle et arranger proprement les talus, afin qu'il s'en détache plus tard le moins de terre possible.

La troisième levée de terre est extraite à l'aide d'une bêche plus étroite et plus longue que la précédente. L'ouvrier la manie comme nous l'avons dit déjà. et c'est surtout à mesure qu'il enlève des tranches situées de plus en plus profondément qu'il doit avoir soin de travailler dans une position droite, et de ne se baisser pour prendre son outil par le manche que quand il veut soulever et jeter hors du drain la terre qu'il a détachée. Il reste de nouveau au fond du fossé une certaine quantité de terre que la bêche n'a pas enlevée et qu'il faut extraire avant de poursuivre le travail. Cette besogne est faite, dans ce cas, par l'ouvrier même qui fouille la terre, après qu'il a reculé de 2 à 3 mètres. Il emploie à cet effet, soit une pelle étroite, soit une drague plate à long manche (C. fig. 19), dont il se sert sans bouger de place. Ces deux instruments ont une largeur à peu près égale à celle du fossé qui, à cette profondeur, ne mesure plus que 0 m. 18 à 0 m. 20. En coupant la terre sur les côtés, l'ouvrier a encore soin de donner à sa bêche une légère inclinaison, de manière à continuer le talus commencé par celui qui le précède. La profondeur de la troisième levée est en général de 0 m. 32 à 0 m. 35.

Le déblai est achevé à l'aide d'une bêche creuse et très longue qui permet à un cinquième ouvrier d'atteindre avec facilité la profondeur voulue. On fait pour enlever la terre avec cette bêche, deux incisions latérales qui se rejoignent vers le milieu de la tranchée ; on règle l'inclinai-

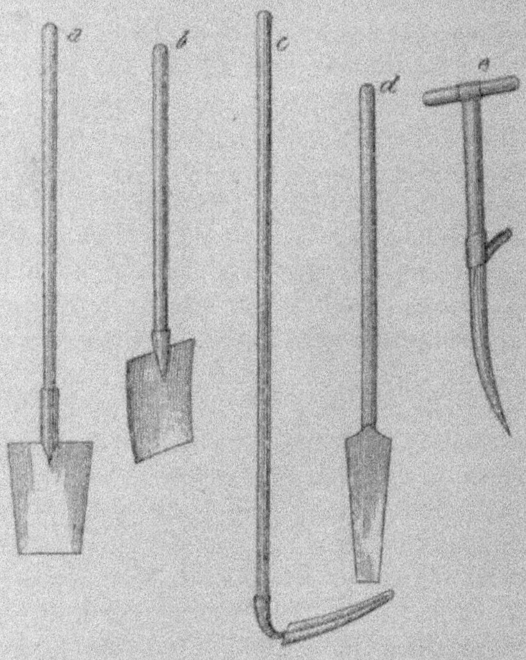

Fig. 19

son du manche de manière à n'avoir au fond qu'une largeur à peu près égale à celle des tuyaux qui doivent former le conduit du drain. Quand le dernier terrassier a mis la tranchée à fond sur une longueur de 2 à 3 mètres, il la nettoie lui-même sans changer de place au moyen d'une drague courbe de largeur variable, qui sert à la fois à enlever la terre ameublie et à donner au fond du drain une forme cylindrique d'une largeur égale au diamètre extérieur des tuyaux ou des manchons.

Le point difficile, mais aussi le plus important dans la confection des saignées, est de donner à leur fond une pente régulière, indépendante des petites inégalités de la surface du sol. Quelques draineurs se guident pour cet objet sur l'eau qui coule dans le fond du drain ; d'autres se servent d'une règle et d'un niveau de maçon approprié pour la circonstance.

Le premier procédé ne devrait jamais être suivi ; quant au second, il est lent, imparfait et il occasionne de fréquentes erreurs qu'il est, sinon impossible, du moins coûteux de réparer (1). Les seuls moyens qu'il convienne d'employer pour niveler le fond des tranchées sont indiqués plus loin.

Ce procédé avec équipe de cinq ouvriers, comme le fait si justement remarquer M. Barral, serait excellent si on ne devait jamais rencontrer de pierres ou d'autres obstacles, mais il croit que trois ouvriers feront toujours mieux que cinq un ouvrage qui demande du soin et en conséquence une responsabilité personnelle. La question du prix de revient, ajoute-t-il, de la plus haute importance ici, prononce aussi en faveur du nombre d'ouvriers que nous conseillons.

A cela nous ferons remarquer à notre tour que M. Leclerc, dans son ouvrage, applique le système précédemment décrit au cas d'un terrain consistant, qui peut être fouillé à la bêche, faisant des réserves pour les cas de terrains peu consistants, mouvants, pierreux ou tourbeux. Quant à la perfection du travail que M. Barral croit atteindre plus sûrement avec trois qu'avec cinq ouvriers, nous ne sommes pas de cet avis ; si avec trois ouvriers chacun a sa propre responsabilité, avec cinq, il y a un chef d'équipe à qui

(1) Leclerc. Loc. cit.

celle-ci incombe et qui fera tout son possible pour la sauvegarder.

Pour le prix de revient, nous nous sommes déjà expliqué sur ce point, et s'il est prouvé que les équipes de cinq ouvriers font un travail meilleur que les équipes de trois, nous n'hésitons pas à nous prononcer en faveur des premiers, car dans l'exécution d'un drainage, nous ne saurions trop le répéter, il ne s'agit pas de faire bien ou à peu près bien, il faut atteindre la perfection du premier coup, si on veut éviter les remaniements ultérieurs qui sont toujours très onéreux.

En Angleterre on préconise beaucoup pour enlever la première couche de terre végétale, qu'elle soit beaucoup, peu, ou point enherbée, une fourche en acier formée de cinq ou de trois dents, fourche dite *universelle*, qui s'enfonce mieux dans les terres gazonnées que les bèches et permet d'arracher et de retourner les mottes dont il a été précédemment question ; d'ailleurs ces fourches fatiguent peu les ouvriers si on a soin de les choisir légères et elles font dans les terrains gazonnés et compacts plus de besogne que la bèche.

En ce qui concerne le mode opératoire de la bèche, il y a encore divergence entre le travail anglais et le travail français dans le creusement des tranchées de drainage. En Angleterre, l'homme qui bèche détache la terre, et par un second mouvement la jette de côté. En France au contraire, un ouvrier enlève avec une pelle la terre fouillée par un autre ouvrier.

Enfin en Angleterre, on préfère les outils à manches longs et terminées par des poignées horizontales ou des poignées creusées dans le manche ; les bèches anglaises sont généralement munies d'une pédale pour la pose du pied de l'ouvrier terrassier.

En France, comme en Angleterre, les ouvriers attachent

sous leur souliers avec un ruban qui contourne le cou-de-pied et la cheville, une portion de semelle en fer avec laquelle ils appuient sur le bord des bèches ou des pédales pour enfoncer leur outil : le poids de cette portion de semelle n'est que de 225 gr. Cet accessoire, qui a une utilité évidente pour les bèches non munies de pédales, a moins d'utilité croyons-nous lorsqu'elles en sont pourvues.

Régularisation du fond des tranchées. — Nous avons vu que lorsqu'on arrive au fond de la tranchée, on se sert d'une drague (C, fig. 19) pour régulariser celui-ci, mais, comme le fait très judicieusement observer M. Hervé-Mangon, l'emploi de cette drague creuse exige des ouvriers adroits et soigneux. L'opération est assez longue et par conséquent assez coûteuse. Un habile entrepreneur de drainage du département de l'Eure, M. Marc, a cherché à rendre cette partie de l'opération plus parfaite et plus économique.

L'instrument imaginé par M. Marc se compose d'une barre de fer méplat, de 3 mètres environ de longueur, et de 0 m. 10 de largeur, sur 0 m. 01 d'épaisseur, garnie, près de ses extrémités, de deux lames d'acier de forme demi-cylindrique, du diamètre des tuyaux, que l'on emploie, taillées en biseau et légèrement inclinées sur la direction de la barre A la partie antérieure de la barre de fer est fixé,à l'aide d'une charnière en fer, un levier coudé, dont l'extrémité porte une cheville et un bout de chaîne pour recevoir la barre d'attelage sur laquelle s'exerce le tirage. L'ouvrier qui conduit la machine la dirige et règle son action en saisissant d'une main l'extrémité du levier coudé, et de l'autre une poignée, que l'on fixe à une hauteur convenable avec une vis de pression sur une tige verticale soudée à l'extrémité postérieure de la grande barre.

La manœuvre de cet instrument est fort simple. Deux,

trois ou quatre hommes, selon la résistance du terrain, tirent en marchant de chaque côté de la tranchée, sur une longue perche passée dans l'anneau de tirage, tandis que le chef ouvrier, en appuyant plus ou moins sur la poignée et sur le levier, règle l'entrure des petits socs qui traînent dans le fond de la tranchée. L'outil fonctionne ainsi au fond de la tranchée comme une longue et étroite varlope de menuisier, et rabote le fond en lui donnant exactement la forme régulière et demi-cylindrique des tuyaux que l'on doit y placer.

Deux ou trois passages, au plus, de l'instrument, suffisent pour dresser le fond d'une tranchée ouverte dans une terre argileuse de bonne consistance. Deux ouvriers armés d'écopes enlèvent les fragments de terre détachés par chaque passage de la machine.

L'instrument imaginé par M. Marc fonctionne parfaitement dans les argiles les plus dures. Il peut encore agir lorsque le sol renferme quelques gros graviers, mais il est évident qu'il ne saurait être employé dans les terres mêlées de pierres volumineuses ou dans un sol détrempé par les pluies ou par des sources. Il faudrait, dans ces circonstances difficiles et heureusement exceptionnelles, renoncer à son emploi et recourir à l'usage des outils habituels.

Ouverture des tranchées dans un terrain consistant et pierreux. — Ici, nous sommes loin de trouver la régularité et la facilité que nous avons rencontré dans le cas d'un terrain consistant qui peut être fouillé à la bêche. Le travail change complètement d'aspect : les tranchées doivent être creusées sur une longueur assez considérable pour que les terrassiers puissent y travailler très à l'aise ; souvent même les rigoles doivent être élargies plus qu'il ne convient, par exemple lorsqu'il y a des pierres volumineuses encastrées dans les talus, ou bien lorsque les blocs pierreux que l'on rencontre sont trop gros pour qu'on puisse les extraire ou trop résistants pour se briser sous les coups d'un lourd marteau.

Préalablement on ameublit la terre de chaque tranche au moyen de la pioche ou du pic à pied (fig. 19, E). L'ouvrier qui fait usage de ce dernier instrument marche à reculons ; il le fait entrer dans la terre en appuyant ou même en frappant du pied sur la pédale, tandis qu'il tient le manche entre les deux mains. Chaque homme muni d'une pareille pioche est suivi par un fouilleur armé de la pelle qui jette la terre ameublie hors de la tranchée et régularise les talus. Ce travail est ainsi continué jusqu'au fond de la tranchée, en donnant à celle-ci la largeur la plus faible qu'il est possible. Le nivellement fait avec la drague creuse, complète le travail. Mais comme il peut rester dans le fond de la tranchée des pierres qu'on ne peut enlever, il est préférable, au lieu de l'essayer, de les pulvériser sur une étendue suffisante au moyen d'une forte dame en fer très lourde (fig. 21) que l'on fait tomber du haut de la tranchée dans le fond et dont le manche à coulisse peut être plus ou moins allongé, de manière que l'instrument étant tenu avec les deux mains et en le soutenant avec les bras, on puisse toujours atteindre la partie inférieure des tranchées les plus profondes. Le poids de cette dame est d'environ 40 kg.

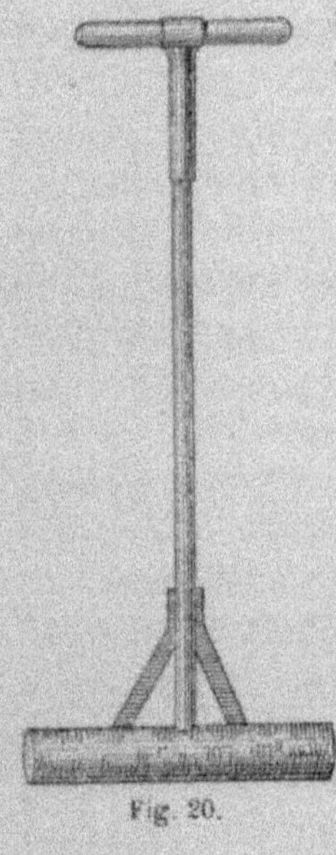

Fig. 20.

Ouverture des tranchées dans un terrain friable, ébouleux ou mouvant. — Souvent les terrains ne présentent cette particularité qu'à partir d'une certaine profondeur, ils n'ont plus de consistance ; alors on exécute le déblai à la manière ordinaire sur toute la profondeur à laquelle les talus se soutiennent ; il reste alors une ou deux pelletées de terre à enlever pour mettre les tranchées à fond. Avant de les extraire, on nivelle soigneusement comme le conseille M. Leclerc, le plafond provisoire du fossé, en lui donnant exactement la pente que doit avoir le plafond définitif ; après quoi, un ou deux hommes, travaillant aussi près que possible l'un de l'autre, achèvent les drains, en ayant soin d'enlever partout une même épaisseur de terre. Un autre ouvrier suit immédiatement, et il met en place, à mesure que le creusement avance, les matériaux, cailloux, briques ou tuyaux, que l'on a déposé sur le bord des tranchées.

Lorsque toute la profondeur ou seulement les parties supérieures du terrain menacent de s'ébouler, ce qui pourrait présenter des dangers, il faut étançonner les parois latérales à l'aide de planches maintenues contre les côtés par des morceaux de bois transversaux formant arc-boutant. Cette opération est difficile dans les tranchées étroites, aussi est-on obligé le plus souvent d'augmenter leur largeur pour les terrains qui nécessitent ce boisage, et il en résulte une forte augmentation de dépense, à laquelle il faut néanmoins se résigner si l'on veut éviter les accidents.

Ouverture des tranchées dans un terrain tourbeux. — Lorsque la couche de tourbe est peu épaisse et que les drains atteignent le terrain solide inférieur, aucune précaution particulière n'est à prendre : on exécute le drainage sans désemparer. Il n'en est pas de même quand il s'agit d'assainir des tourbières profondes. Dans ce cas, fait encore observer M. Leclerc, le sol pourrait ne point supporter le poids des ouvriers ; en outre, la tourbe en se desséchant se contracte et se déjette fortement, en sorte qu'il y aurait à craindre que la continuité des conduits ne fût rompue plus tard, si on les mettait dans la tourbe humide. Pour éviter ces inconvénients, et aussi afin d'obtenir une assiette convenable pour les conduits, on doit exécuter l'ouvrage à plusieurs reprises, autant que possible par un temps sec. Après qu'une tranche est enlevée on diffère la continuation du travail jusqu'à ce que l'intérieur du sol ait eu le temps de sedésssécher par l'évaporation.

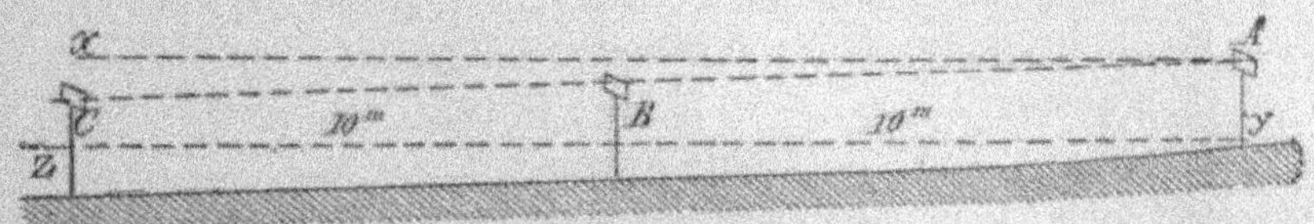

Fig. 21.

Vérification de la pente des tranchées. — Nous l'avons déjà fait observer précédemment, quelle que soit la nature du terrain dans lequel on opère, la partie la plus délicate onsiste à régler parfaitement la pente des tranchées.

Plusieurs méthodes de vérification sont employées dans ce but. Voici ce que dit M. Barral sur cet important sujet. Admettons que A (fig. 21) soit le point le plus élevé du terrain, et AY la profondeur que nous devons donner en ce point à la tranchée. Menons l'horizontale AX passant par le point A et la droite AC donnant la pente XAC que doit avoir la rigole de fond ; il suffira évidemment de creuser jusqu'à ce qu'une longueur égale à AY vienne effleurer constamment le long de cette ligne AC, pour qu'on soit sûr que le fond YX a bien l'inclinaison voulue, c'est-à-dire fait avec l'horizon un angle XYV égal à l'angle XAC. Mais il faut éviter qu'on ait à recombler une partie de la tranchée, dans le cas où les ouvriers auraient trop creusé en certains points de repère pendant le travail même, et voici comment on y parvient. Le directeur du drainage ayant calculé la ligne de pente AC, fait enfoncer des piquets en deux points assez éloignés dans la direction de la tranchée, à tailler de manière à ce que leurs deux têtes déterminent une ligne inclinée suivant le chiffre voulu. Ensuite, de dix mètres en dix mètres, on enfonce d'autres piquets dont les têtes se maintiennent dans cette même direction, et d'un piquet au suivant on tend une corde qui fixe la pente. A l'aide d'une baguette d'une longueur donnée, les ouvriers en creusant voient facilement s'ils sont arrivés à la profondeur convenable au-dessous du cordeau. La vérification de leur ouvrage est alors facile à faire à l'aide de trois nivelettes, A, B, C, de même hauteur ; on en place deux à une distance de 10 mètres, et on regarde si elles sont dans la direction de la pente calculée. Cela fait, on place la troisième à 10 mètres, et on reconnaît si elle est dans la ligne de visée déterminée par les deux premières. Ce résultat obtenu on change de place la première nivelette pour la porter à 10 mètres en descendant à partir de la troisième, et on vérifie si la tête en arrive sur la ligne de visée déterminée par la seconde et la troisième, et ainsi de suite. En promenant du reste une nivelette entre les intervalles laissés par deux nivelettes demeurant stationnaires, on voit si le fond est bien établi à la même distance verticale de la ligne de pente adoptée.

Le procédé des nivelettes n'est bon que pour d'assez petites distances et pour des tranchées parfaitement rectilignes ; il n'indique pas par lui-même si l'inclinaison adoptée a été bien exécutée, mais seulement si elle est régulière ou irrégulière, et il faut toujours y joindre l'emploi de niveaux de pente.

M. Leclerc préconise un autre procédé de vérification qui est, croyons-nous, de beaucoup préférable. Voici en quoi il consiste :

« Aussitôt que la première tranche de terre est enlevée sur toute la longueur d'une saignée, ou dans la partie de celle-ci qui doit conserver la même pente d'un bout à l'autre, on établit aux deux extrémités de petits piquets en bois plantés verticalement dans le sol, de manière que leurs têtes se trouvent à *une même hauteur au-dessus du fond de la rigole* en ces endroits ; puis on place, le long de la tranchée et tout contre le bord, d'autres piquets verticaux, distants de 10 mètres les uns des autres et dont on amène la tête dans la ligne qui réunit les sommets des deux premiers piquets (fig. 22). Cette dernière opération se pratique à l'aide de trois voyants d'égale longueur, faits en forme de T, dont deux sont placés sur les piquets extrêmes et le troisième promené successivement sur les piquets intermédiaires. Quand elle est achevée, les têtes de tous les piquets se trouvent sur une ligne parallèle à celle que doit suivre le fond de la rigole. L'ouvrier qui enlève la dernière levée de terre se guide alors d'après un cordeau que l'on tend de l'un à l'autre piquet, soit à la hauteur de leur tête, soit à une distance de celle-ci égale pour tous. Il a en main une baguette bien droite, d'une longueur exactement égale à la hauteur à laquelle le cordeau est établi au-dessus du fond de la rigole, en sorte qu'en chaque point il lui est aisé de vérifier, en plaçant cette baguette le long du talus de manière que l'extrémité affleure le cordeau, si la tranchée a exactement la profondeur requise. Le talus des tranchées étant presque vertical, ce procédé est suffisamment exact.

Fig. 22.

Cependant, si l'on veut opérer d'une manière plus rigoureuse, il est préférable d'implanter les piquets horizontalement dans le talus plutôt que de les enfoncer verticalement sur le bord de la tranchée, et, au lieu d'une baguette, on emploie pour le mesurage une règle graduée, sur laquelle glisse une douille à index que l'on peut fixer en un point quelconque au moyen d'une vis. La position des deux piquets extrêmes se détermine dans ce cas comme nous l'avons dit plus haut; les piquets intermédiaires sont alignés au moyen de voyants. On arrange chaque fois la règle de façon que la distance entre son pied et l'index soit égale à la hauteur à laquelle les deux piquets extrêmes ont été placés au-dessus du plafond de la tranchée ; quand il s'agit de contrôler la pente, l'ouvrier met la règle sur le point qu'il veut vérifier, en la tenant dans une position verticale, et il examine si l'index affleure exactement le cordeau tendu entre les piquets.

En procédant de la sorte, on n'a nullement à s'inquiéter des petites inégalités que présente toujours la surface du sol ; la tâche de l'ouvrier qui met les rigoles à fond est moins pénible et moins délicate ; la besogne de la personne chargée de contrôler l'ouvrage est remarquablement simplifiée. La méthode que nous venons d'indiquer est sûre, simple, expéditive; elle n'interrompt en aucune manière le travail. Quand on y a recours, il n'arrive jamais que l'ouvrier creuse trop profondément et qu'il faille ensuite combler certaines parties de la rigole, comme cela a lieu trop fréquemment lorsqu'on suit toute autre méthode ; car, dans le premier cas, s'il se présente des irrégularités un peu fortes dans le terrain, l'ouvrier peut sans peine, avant de mettre la rigole à fond, mesurer avec sa baguette ou avec sa règle l'épaisseur de la tranche qu'il lui reste à enlever.

Il ne peut y avoir pour personne, dans l'application de cette méthode de nivellement, d'autre difficulté que celle qui résulte du placement des deux piquets extrêmes, lesquels doivent se trouver, comme nous l'avons dit, à une même hauteur au-dessus du plafond de la tranchée. Voici les règles à suivre à cet égard. Quand la rigole de drainage a la même profondeur aux deux bouts, on met les piquets des extrémités à une égale distance au-dessous de la surface du terrain ; si la profondeur au bas doit être plus forte que celle du haut, on prend la différence entre les deux, on la retranche de la distance arbitraire qui sépare le piquet du bas de la surface du terrain, et l'on obtient ainsi la distance que l'on doit laisser entre celle-ci et le piquet du haut ; lorsque enfin la profondeur à l'extrémité la plus élevée doit être plus forte que celle du bas, on ajoute la différence à la première distance pour obtenir la dernière. »

Pose des tuyaux.

Il ne suffit pas d'ouvrir les tranchées dans de bonnes conditions et d'en vérifier bien exactement la pente, il faut encore placer les tuyaux dans le fond de celles-ci, et cette opération, comme on va le voir, est loin d'être aussi simple qu'elle le paraît au premier abord.

Nous ne parlerons pas de la pose des pierrailles, fascines, briques, etc., qui ne sont plus guère employés aujourd'hui, ce que nous en avons dit dans un précédent chapitre suffit amplement.

Les tuyaux doivent être posés sur la terre sèche, si le fond des tranchées était détrempé par la pluie, il vaudrait mieux attendre quelques jours.

Dans la pose des tuyaux, c'est par l'extrémité supérieure des tranchées qu'on doit commencer, car c'est le seul moyen de se débarrasser de la boue qui s'écoule toujours dans le bas des saignées et qui aurait bien vite obstrué les tuyaux.

8

Lorsqu'on pose les tuyaux sans colliers ou manchons, ce qui est le cas le plus général en France, il faut que leurs extrémités soient parfaitement dressées et puissent s'appliquer exactement les unes contre les autres.

Quand on emploie les colliers, l'opération est plus facile ; les tuyaux s'y engagent et sont maintenus à la suite les uns des autres. On cale les tuyaux et les manchons au fond de la tranchée avec quelques petites pierres ou de la terre émiettée, appliquée avec soin et légèrement pilonnée, sur laquelle on jette ensuite la terre extraite de la tranchée.

On a proposé, dans le cas où on ne fait pas usage des colliers, d'entourer les tuyaux d'une mince couche de paille, dans le but de prévenir les tassements inégaux et d'empêcher la terre de passer à travers les joints au moment du remplissage des tranchées. Cette pratique n'est pas recommandable, car la paille pourrit très facilement dans la terre, surtout en présence de l'humidité. Les tessons de tuyaux conviennent beaucoup mieux dans ce but.

Fig 23.

Dans les tranchées étroites et profondes, il faut pour poser les tuyaux, avoir recours à un instrument spécial d'invention anglaise, appelé *broche*.

Cet instrument (figure 23) est tenu par le manche en bois, le tuyau étant introduit dans la ligne placée à l'autre extrémité, l'ouvrier, les pieds des deux côtés de la tranchée, enlève ainsi le tuyau et le dépose à la place qu'il doit occuper. La tige entre dans le tuyau, qui vient s'appuyer contre l'arête que l'on voit sur la figure. La longueur de l'épanchement est égale à la moitié de celle des manchons, son diamètre est supérieur au diamètre intérieur du tuyau et inférieur à celui du manchon ; il en résulte que le tuyau et le collier sont ainsi maintenus dans la position relative qu'ils doivent occuper. Par cela même rien de plus facile que d'introduire l'extrémité libre du tuyau dans le manchon qui la précède, déjà déposé de la même manière au fond de la tranchée.

Les très gros tuyaux se posent toujours à la main au fond des tranchées, celles-ci étant assez larges pour que l'ouvrier puisse y pénétrer. Ils doivent être posés avec beaucoup de soins, le contact de leurs extrémités sera établi aussi exactement que possible, enfin, ils seront fortement calés au fond de la tranchée pour qu'ils ne se dérangent pas lorsqu'on comblera celle-ci ; sur les joints on mettra quelques tessons recouverts d'une pelote d'argile bien malaxée. Lorsqu'on ne dispose pas de tuyaux assez gros pour le volume d'eau à débiter, on en place deux de même grosseur, l'un à côté de l'autre, et même, si besoin en est, on en superpose un troisième sur les deux premiers. On s'arrange de manière que les joints des différentes files de tuyaux ne concordent pas les uns avec les autres.

L'opération de la pose se fait d'autant plus rapidement que les rigoles sont moins profondes et que les tuyaux sont mieux confectionnés. Dans de bonnes conditions, un ouvrier adroit assemble au fond des rigoles de 1 mètre 20 de profondeur avec la broche, 400 à 450 tuyaux en une heure de travail ; lorsqu'on emploie des colliers, le travail se réduit de 350 à 400 tuyaux dans le même espace de temps.

Raccordement des tuyaux. — Le raccordement d'une ligne de petits drains dans une ligne de drains collecteurs, se fait au moyen d'une ouverture circulaire pratiquée dans le plus gros tuyau ; on y fait entrer le tuyau du petit drain de manière qu'il dépasse le bord de quelques millimètres à l'intérieur, le raccordement se fait sous un angle de 45 à 60 degrés environ, et de façon que le petit tuyau soit plus élevé et qu'il puisse de ce fait s'égoutter facilement dans le grand. Les tuyaux ainsi percés latéralement, fait observer M. Barral, se fabriquent très simplement en pratiquant l'ouverture circulaire dans les tuyaux secs avant de les porter au four ; ils ne coûtent qu'un tiers en sus du prix des tuyaux ordinaires On garnit convenablement la jonction avec quelques tessons de tuyaux avant d'y pilonner la terre. Nous ne conseillons pas les tuyaux à branches, tels que nous en avons vu fabriquer ; il n'y a pas alors de jeu pour faire déboucher convenablement le petit drain dans le grand. Du reste, à défaut de tuyaux percés latéralement à l'avance, il est toujours facile de pratiquer avec un ciseau à froid un orifice convenable dans les extrémités de deux gros tuyaux qu'on travaille ainsi, de manière à fournir une jonction convenable.

Bouches des collecteurs et des drains. — Les drains qui débouchent dans un fossé ou un canal de décharge doivent avoir leur bouche garnie par un petit grillage et quelques grosses pierres. Le grillage empêche les souris, campagnols, rats, crapauds, etc., de s'introduire dans les conduits et de les obstruer.

Les bouches d'évacuation des grands collecteurs exigent une fermeture plus complète On doit les protéger par une maçonnerie faite en moellons piqués reliés avec un ciment hydraulique. La grille qui ferme la bouche est en fer ou en fonte ; elle se compose de petits barreaux écartés de un centimètre les uns des autres.

Pour empêcher que l'eau, en sortant du collecteur, ne produise des affouillements, on établit devant la bouche, un pavage ou un blocage solide.

Lorsqu'un collecteur doit arriver à la base d'un fort talus, on brise la ligne qu'il suit plusieurs mètres avant le talus, afin qu'il puisse facilement déverser son eau.

Regards. — Nous avons vu précédemment à quoi servent les regards ou cheminées. En ce qui concerne leur établissement, nous ferons remarquer que lorsqu'il s'agit d'établir un de ces regards sur une grande ligne, on se sert de tuyaux ayant 20 centimètres de diamètre, en une ou plusieurs parties, qu'on dresse verticalement sur un grand carreau ou une pierre plate après y avoir fait des ouvertures destinées à recevoir les bout de deux tuyaux opposés. On couvre le tuyau vertical avec un second grand carreau. Quand il s'agit de créer un regard à la jonction de plusieurs collecteurs, on se sert de gros tuyaux en poterie à emboîtement ayant 33 cm. de hauteur sur 30 de diamètre. Le cylindre du bas repose sur une pierre plate et reçoit deux tuyaux collecteurs soutenus par un enrochement à 30 cm. environ du fond. L'eau que déversent ces conduits d'amenée s'échappe par un tuyaux de décharge situé à environ 25 cm. au-dessus du fond du regard. La pierre plate qui couvre la cheminée, doit avoir une épaisseur de 5 à 6 cm. ; elle est située très en contre-bas du point que peuvent atteindre les instruments de culture dans les labours les plus profonds. La présence du *regard* est indiquée par une borne indicatrice placée à la surface du champ.

La pose des tuyaux, le racordement de ceux-ci et l'établissement des regards étant des opérations très importantes d'où dépend la réussite du drainage, on doit les confier à des ouvriers intelligents et adroits auxquels on assure un salaire convenable. Ils seront de préférence payés à la journée.

Remplissage des tranchées.

La pose des tuyaux ayant été vérifiée par le surveillant, il faut procéder sans retard au remplissage des tranchées. Les files de drains ne doivent jamais rester découvertes, car une ondée et même la malveillance pourraient faire perdre le fruit d'un travail difficile.

A ce sujet, M. Hervé-Mangon, donne les conseils pratiques les plus circonstanciés dont il est essentiel de ne pas trop s'écarter.

On choisit pour mettre immédiatement sur les drains la terre la plus argileuse extraite de la tranchée, on l'émiette soigneusement et on la jette à la pelle avec précaution sur les tuyaux, en couches de 0 mètre 20 à 30 d'épaisseur. Cette première couche doit être piétinée *avec la plus scrupuleuse attention*, ou battue avec un petit pilon en bois, si la tranchée est trop étroite pour qu'un homme puisse y marcher.

Si l'on opère dans un sol où les obstructions ferrugineuses soient à craindre, le tassement de cette première couche de remblai doit être encore plus soigné que dans les cas ordinaires : on y revient à deux ou trois reprises différentes, à quelques heures d'intervalle, en humectant la terre si cela est nécessaire.

On fait alors tomber dans la tranchée avec une pelle ordinaire ou avec une espèce de houe à long manche, à deux ou trois dents, une nouvelle quantité de terre. On a soin de briser les mottes et l'on tasse fortement cette nouvelle couche de terre en la piétinant ou en la damant.

Si le temps est au beau, il est utile de suspendre, après l'emploi de cette seconde couche, le remplissage des drains et de laisser l'action de l'air s'exercer sur les parois des tranchées.

On achève de remplir la tranchée par couches de 0 mètre 20 à 0 mètre 30 d'épaisseur toujours bien tassées, en replaçant à la surface la terre végétale mise de côté à cet effet. Le tassement des couches successives de remblai est une précaution sur laquelle on doit d'autant plus insister qu'elle est plus souvent négligée, et que cette négligence produit des accidents sérieux dans le drainage.

Quelque soin que l'on apporte à tasser les couches successives de remplissage de la tranchée, il reste presque toujours un excès de terre qui dessine en relief la portion des drains. Le passage de la charrue dans les terres labourées, fait bientôt disparaître cet état de choses.

Le pilonage des terres des tranchées dans les prairies, surtout lorsqu'elles doivent être arrosées, doit être encore plus soigné que dans les terres en labours. On rapporte soigneusement les gazons sur le remblai en les battant bien pour les faire taller, et de manière qu'ils ne présentent qu'un léger relief qui disparaît ordinairement d'une manière complète après un hiver.

On a proposé souvent de combler les tranchées en y rejetant la terre avec une charrue ou divers instruments tirés par des chevaux. Ces moyens produisent un travail moins parfait que le remblai à bras, et ne semblent pas jusqu'à présent, réaliser une économie capable de compenser les inconvénients qu'ils présentent.

Bornes indicatrices. — Sur diverses exploitations où d'importants drainages ont été opérés, on a jugé nécessaire d'indiquer çà et là, par des bornes sur lesquelles est gravée une flèche, la direction des principaux collecteurs. Chaque indicateur porte un numéro correspondant au nombre inscrit sur le plan. Par une ces mesures, on retrouve facilement les drains qui aboutissent aux collecteurs.

Il est très utile, comme le fait remarquer M. Heuzé, que ces bornes soient suffisamment apparentes au-dessus du sol pour que les laboureurs et les charretiers puissent facilement les apercevoir. Quand un champ contenant plusieurs de ces indicateurs est occupé par une luzernière ou une céréale devant être coupée mécaniquement à l'aide d'une faucheuse ou d'une moisonneuse, on indique leur situation par un grand échalas. C'est en agissant ainsi qu'on prévient pendant la fenaison et la moisson des accidents qui sont souvent très coûteux.

CHAPITRE VIII

PRIX DE REVIENT DU DRAINAGE

Éléments de la dépense. — Exemples divers choisis en France. — Influences diverses qui agissent sur le prix de revient. — Prix du drainage en Belgique et en Angleterre.

Eléments de la dépense.

Le prix de revient du drainage s'évalue le plus communément à l'hectare. Ce prix est influencé par un grand nombre d'éléments, parmi lesquels nous devons citer : la nature du sol ou plutôt du sous-sol, la profondeur des saignées, leur espacement, le relief plus ou moins accidenté du terrain, la nature des matériaux servant à faire les drains, et le prix de la main d'œuvre dans le pays où l'on se trouve. Il n'y a rien de général à dire sur ce sujet et, pour fixer les idées, le mieux est encore de donner quelques exemples choisis parmi les meilleurs.

Premier exemple.

Cet exemple, cité par M. Barral est emprunté à M. Dufour, fermier de la ferme des Corbins (Seine-et-Marne). C'est un drainage exécuté sur une grande échelle (140 hectares), mais fait dans d'excellentes conditions techniques.

La dépense totale sur cet espace s'est élevée à 12000 fr., ce qui donne en moyenne 85 fr. 70 par hectare, chiffre un peu faible, mais qui s'explique, étant donné les conditions dans lesquelles le drainage a été exécuté.

Le terrain drainé est composé de la terre franche argilo-siliceuse de la Brie, et son sous-sol est argilo-calcaire ou un tuf argilo-siliceux.

M. Dufour, en 1850, a commencé par des tranchées de 0 m. 80 de profondeur, et 20 mètres d'écartement. Ayant reconnu l'insuffisance de la profondeur, il creusa ensuite les tranchées à 1 m. 30 et même 1 m. 40, en portant à 28 mètres leur écartement. Quoiqu'il eût obtenu de bons résultats, il s'arrêta, pour toutes les tranchées qu'il fit ensuite, à une profondeur de 1 m. 10 à 1 m. 20, et à un écartement de 15 à 20 mètres. C'est ainsi qu'a été exécutée la plus grande partie de ses travaux de drainage.

Les tuyaux ont été pris à la fabrique de M. Vincent, près Lagny, aux prix de 25 francs les petits de 0 m. 04 de diamètre intérieur, et de 28 francs les gros de 0 m. 06 de diamètre intérieur ; le transport coûtait, en outre, 3 fr. 33 le mille. Dans la presque totalité de ses travaux, M. Dufour n'a employé que les tuyaux de la petite dimension ; pour les drains collecteurs, il plaçait deux ou trois de ces tuyaux au fond des tranchées.

Le prix de la fouille des tranchées, pour une profondeur de 0 m. 80, a varié de 5 à 15 cent. le mètre courant, et celui des tranchées de 1 m. 10 à 1 m. 20, de 8 à 15 cent., et même dans quelques parties très pierreuses, à 25 cent. La charrue passait jusqu'à trois fois pour faciliter l'ouverture de la ligne de drain. Les tuyaux entrent pour 7 cent. 1/2, et leur transport pour 1 cent. dans le prix de revient des tranchées. Cette fraction devient double ou triple dans les drains collecteurs où il entre deux ou trois tuyaux que M. Dufour a placé toujours dans le même plan horizontal, les uns à côté des autres, et non pas superposés. Les drains collecteurs, plus larges et plus profonds, ont coûté davantage que les drains ordinaires, dans les proportions qu'indiquent les détails suivants, qui sont le relevé des travaux de 1852 (1).

Durant cette année, M. Dufour a exécuté 16.421 mètres de petits drains pour la somme totale de 3.391 fr. 32 c.; ce qui donne le prix moyen de 0 fr. 206 par mètre courant.

En même temps ont été établis 2.453 mètres courants de drains collecteurs pour la somme totale de 873 fr. 93 cent.; ce qui donne le prix de 0 fr. 356 par mètre courant.

Le rapport de la longueur des drains collecteurs à la longueur totale des drains est de 13 pour 100.

Les prix de revient se sont ainsi répartis :

a. — DRAINS ORDINAIRES

8406 mètres de drains à	0 f. 17
7628 —	0 24
387 —	0 34

b. — DRAINS COLLECTEURS

69 mètres à 1 tuyau de 0 m. 06, à . . .	0 f. 19
643 — — . . .	0 27
517 — à 2 tuyaux, à — . . .	0 28
146 — — . . .	0 33
618 — — . . .	0 38
82 — — . . .	1 30
280 mètres de drains à 3 tuyaux, à . . .	0 37
140 — — . . .	0 47

Dans ces chiffres, la direction, la surveillance, le nivel-

(1) M. Dufour a exécuté ses drainages en 1850, 1851 et 1852.

lement préalable du terrain et la rédaction des projets ne sont pas compris, M. Dufour s'étant chargé de cette partie du travail.

Deuxième exemple.

L'exemple précédent s'applique à un terrain ordinaire; celui-ci a trait à un terrain très difficile, rempli de pierres meulières où tout le travail a dû être exécuté à la journée.

La pièce de terre est celle de la Mailloterie, commune de Bréau (Seine-et-Marne), appartenant à M. Gareau. La direction et les frais de nivellement et de tracé ne sont pas compris dans le compte suivant, parce qu'ils n'ont pas été un débours pour le propriétaire.

Contenance du terrain	4,4 hectares.
Mètres linéaires de tranchées. . .	2,812.
Ecartement moyen des drains . .	15 mètres.
Profondeur moyenne	1 m. 30.

Prix de revient :

8970 tuyaux de 0 m. 030 de diamètre intérieur, à 22 fr. le mille	197 f. 35	215 f. 70
680 tuyaux de 0 m. 45 de diamètre intérieur, à 27 fr. le mille	18 35	
Charroi des tuyaux		15 00
Journées d'ouvriers		1251 05
Usure des outils		84 00
Faux frais		40 00
Prix de revient net		1615 f. 75

Prix de revient par hectare : 367 fr. 20.

Il est vrai que 500 mètres cubes de pierres ont été extraites, et que le propriétaire ayant pu en trouver emploi à 1 fr. le mètre cube, il faut défalquer 500 fr. du prix total, ce qui ramène le prix de revient par hectare à 253 fr. 60 c.

On trouve, en rapportant au mètre linéaire :

Tuyaux	7 c. 66
Charroi des tuyaux	0 54
Journées d'ouvriers	44 48
Usure des outils.	2 98
Faux frais	1 42
Prix de revient net. . . .	57 c. 09

Troisième exemple.

Ce troisième exemple, toujours emprunté au même auteur, passe à l'extrême ; c'est celui d'un drainage très facile, exécuté chez M. de Courcy, commune de Nelle, près de Rozoy (Seine-et-Marne).

Le sol de la pièce est argilo-sableux compact ; il s'est laissé entièrement travailler à la bêche, sans présenter de pierres. Sa contenance est de 4,10 hectares. Le nombre des mètres linéaires a été de 2.700 ayant 15 mètres d'écartement moyen et 1 m. 30 de profondeur. Les tuyaux ont été conduits sur le terrain aux frais du propriétaire. Le détail du prix de revient est le suivant :

Tuyaux de 0 m. 030 de diamètre intérieur. 7800 à 22 fr. le mille	171 f. 60	200 f. 00
Tuyaux de 0 m. 045 de diamètre intérieur. 1000 à 27 fr. le mille . . .	27 00	
Faitières.	1 40	
Travail à la journée		253 15
Travail à la tâche.		189 44
A reporter		542 59

Report.	542 59
Nivellement et levé du plan, etc.	153 20
Usure des outils	7 00
Prix de revient net	802 f. 80
Prix payé à l'entrepreneur	902 00
Bénéfice de l'entrepreneur	100 f. 80

On calcule par hectare :

Prix de revient net.	195 f. 80
Prix de revient brut	24 20
Bénéfice de l'entrepreneur . .	220 20

Et on trouve par mètre linéaire de tranchée ouverte :

Tuyaux	7 c. 41
Journées	9 37
Tâches	7 02
Nivellement, tracé, etc.	5 67
Usure des outils	0 30
Bénéfice de l'entrepreneur ou direction	3 73
Prix de revient total . . .	33 f. 50

Autres exemples.

Les trois exemples qui précèdent s'appliquent à des drainages exécutés en France ; nous donnons ci-dessous, à titre comparatif, les prix de revient de quelques drainages exécutés en Belgique, ils ont été recueillis par M. Leclerc, et s'appliquent à un hectare :

1° Nature du sol : Argile ordinaire.

a. Eléments du drainage :

Profondeur des drains.	1 m. 20
Espacement des drains.	10 à 12 m.

Longueur des drains d'assèchement (par hectare)	941 m.
Longueur des collecteurs.	155 m.
Longueur totale, par hectare .	1096 m.

b. Détail de la dépense, réduite à l'hectare :

Coût des tuyaux.	67 f. 41
Transport des tuyaux	7 79
Main d'œuvre.	102 75
Frais divers	5 75
Total.	183 f. 70

2° Nature du sol : Argile forte :

a. Eléments du drainage :

Profondeur des drains	1 m. 35
Espacement des drains.	9 m.
Longueur des drains d'assèchement	1197 m.
— des collecteurs	154 m.
Longueur totale, par hectare .	1351 m.

b. Détails de la dépense, à l'hectare :

Coût des tuyaux.	88 f. 34
Transport des tuyaux . , ...	5 00
Main d'œuvre	93 34
Frais divers	5 75
Total.	179 f. 94

3° Nature du sol : Sable gras.

a. Eléments du drainage :

Profondeur des drains	0 m. 65
Espacement des drains	15 m.
Longueur des drains de dessèchement .	455 m.
— des collecteurs	112 m.
Longueur totale.	567 m.

b. Détail de la dépense, à l'hectare :

Coût des tuyaux	61 f. 73
Main d'œuvre	31 18
Frais divers	4 88
Total.	97 f. 79

4° Nature du sol : Glaise très pierreuse.

a. Eléments du drainage :

Profondeur des drains	0 m. 70
Espacement des drains	7 m.
Longueur des drains de dessèchement	1248 m.
— des collecteurs	94 m.
Longueur totale	1342 m.

b. Détail de la dépense par hectare :

Coût des tuyaux.	112 f. 60
Main d'œuvre	241 56
Frais divers	2 54
Total	356 f. 70

Comme on le voit, ces exemples ne présentent pas moins d'écarts que ceux donnés par M. Barral, il est donc inutile de les multiplier davantage, cela ne pourrait que confirmer ce que nous avons dit au début de ce chapitre, savoir : qu'on ne peut fournir aucune donnée générale en ce qui concerne le prix de revient du drainage. Les moyennes que donne M. Barral et qu'il a calculé d'après les neuf exemples qu'il cite et détaille dans son ouvrage, ne présentent guère d'intérêt, comme toutes les moyennes d'ailleurs, en ce qu'il serait dangereux de les prendre comme base. Par contre, il donne les extrêmes du prix de revient généralisées.

Ces prix de revient extrêmes à l'hectare sont :

Avec un écartement des lignes de drains de 5 mètres :
Minima.... 387 fr. 60. — Maxima.... 1617 fr.
Avec un écartement des lignes de drains de 20 mètres :
Minima.... 96 fr. 10. — Maxima.... 404 fr. 25

Les agriculteurs voient bien, d'après ces chiffres, dans quelles dépenses peuvent les entraîner les travaux de drainage ; ils devront seulement se souvenir que, dans la majorité des cas, les frais seront plus voisins des prix minima que des prix maxima ; mais avant une étude du terrain, et en comptant tous les frais possibles, on ne peut pas dire si la dépense s'arrêtera à 100 fr. par hectare, ou si elle ne s'élèvera pas à 1600 fr. En général, cependant, elle sera comprise entre 200 et 250 fr. par hectare.

CHAPITRE IX

DRAINAGES SPÉCIAUX

Modifications du drainage anglais applicables à des cas particuliers. — Système de Keythorpe. — Avantages et inconvénients. — Méthode d'Elkington. — Drainage des sources. — Drainage vertical de M. Hervé-Mangon. — Principe et application. — Cas particuliers où il peut être employé.

Modifications du drainage ordinaire.

Le drainage tel qu'il vient d'être décrit constitue le drainage complet ou drainage anglais ; il est applicable dans la grande majorité des cas. Cependant il se présente quelquefois des circonstances particulières nécessitant d'autres méthodes d'assainissement. Bien des systèmes spéciaux de drainage ont été inventés, mais nous ne nous arrêterons pas à les décrire, par cette raison bien simple qu'ils sont en général peu pratiques. Deux méthodes seulement méritent de fixer notre attention. Ce sont :

1º Le système de Keythorpe ;
2º La méthode d'Elkington.

Système de Keythorpe.

Exposé du système. — Dans ce système, les drains de dessèchement, au lieu d'être dirigés dans le sens de la plus grande pente, sont, au contraire,établis transversalement. Ici, le nombre, l'espacement et la profondeur des tranchées n'ont rien de régulier et se déterminent par tâtonnement. C'est ainsi que, suivant les cas, l'écartement des drains varie entre 4 et 18 mètres et leur profondeur entre 1 m. 06 et 0 m. 84.

Cas où le système de Keythorpe est applicable. — On trouve dans certaines contrées des terrains dont le sous-sol composé d'une glaise compacte plus ou moins imperméable, a été autrefois raviné par les grands courants diluviens, de manière à présenter une suite de sillons naturels dirigés dans le sens de la plus grande pente et dans lesquels se sont déposées plus tard des matières apportées par les eaux (fig. 25).

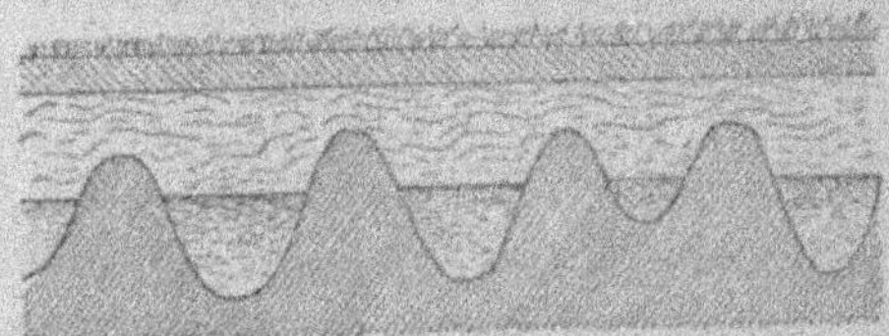

Fig. 25

Les couches supérieures, toujours plus perméables que le sous-sol, se composent alors de bancs de graviers ou de sable, alternant avec de l'argile. Le gravier et le sable, qui se sont déposés d'abord en vertu de leur densité plus considérable, occupent le fond des ondulations.

En pareille circonstance, les eaux qui tombent sur le terrain supérieur s'amassent dans les sillons et elles y séjournent si la pente longitudinale de ceux-ci n'est pas considérable ou s'ils se trouvent barrés en quelques endroits ; elles refluent même quelquefois en certains points de la surface pour y former des fondrières et parfois même des marécages (1).

Application du système de Keythorpe. — Cette méthode a été appliquée pour la première fois par lord Berners dans sa propriété de Keythorpe (Leicestershire) et c'est en 1852 qu'elle a été portée à la connaissance des agriculteurs.

Voici comment se fait l'application de ce mode de drainage :

Lorsqu'on a reconnu, par une inspection minutieuse du sous-sol, qu'il s'y trouve à un ou deux mètres de profondeur un banc imperméable raviné, présentant des ressauts et des excavations à la surface, on creuse jusqu'au sous-sol de nombreuses fosses de sondage, qui sont établies surtout dans les parties culminantes et dans les parties basses du champ. On ouvre alors, dans une direction diagonale par rapport aux sillons, une ou plusieurs saignées en dessous des fosses les plus élevées, à la plus grande distance possible de celles-ci, et l'on examine l'effet que ce premier drainage produit sur l'eau qui s'est accumulée dans les différents trous. S'il ne suffit pas pour épuiser toutes les fosses, on trace vers chacune de celles qui ne se sont pas vidées des drains secondaires que l'on rattache aux précédents, et l'on continue de la sorte jusqu'à ce que la nappe d'eau souterraine soit convenablement abaissée dans toutes les parties du champ.

Appliqué à Keythorpe, sur une étendue de sept hectares, ce système a occasionné une dépense de 61 francs par hectare.

Les promoteurs du drainage de Keythorpe sont partis de l'idée que si, dans les conditions géologiques dont nous avons parlé, les drains étaient établis à des distances égales dans le sens de la plus grande pente, ils pourraient se

(1) Leclerc. Loc. cit.

trouver dans le massif imperméable et n'avoir ainsi aucune action sur l'eau contenue dans les sillons, tandis qu'en dirigeant les drains transversalement à la pente, on recoupe nécessairement toutes les ondulations en les débarrassant de l'humidité qui s'y accumule.

Avantages et inconvénients de ce système. — M. Leclerc pense que, pour atteindre ce résultat, il n'est pas nécessaire de substituer à la méthode de drainage ordinaire un système qui a le désavantage de ne reposer sur aucune règle précise et qui, par les tâtonnements que son application exige, donnera bien souvent lieu à de fausses manœuvres et, par conséquent, à des dépenses inutiles.

En effet, lorsqu'une saignée est établie à proximité d'une nappe d'eau dans un massif de glaise compacte ou imperméable, il suffit pour la rendre efficace de couper celle-ci, de distance en distance, par de petits fossés, dans lesquels on replace immédiatement la terre qui a été extraite. Les solutions de continuité qui existent dans le sol remué permettent aux eaux latérales de filtrer vers le drain. Nous ferons remarquer encore que le système de Keythorpe exige des recherches longues et coûteuses, en dépit desquelles on n'est jamais sûr d'avoir assaini parfaitement le terrain dans toutes ses parties ; d'un autre côté, la profondeur des drains devant être réglée sur celle des sillons, il arrivera souvent, ou qu'elle sera trop faible pour la sécurité des conduits, ou bien qu'elle sera trop forte pour qu'on puisse l'atteindre économiquement.

On doit donc considérer cette méthode comme étant d'un emploi fort restreint.

Méthode d'Elkington.

Drainage des sources. — Nous avons vu que l'eau surabondante des terres peut avoir deux origines : ou bien les pluies qui tombent ou bien les sources souterraines. Dans ce deuxième cas, qui est de beaucoup le moins fréquent, on applique assez souvent le drainage d'Elkington.

Les sources, comme on sait, doivent leur origine à certaines dispositions de la croûte terrestre, qui permettent à l'eau tombée sur des sols poreux de s'écouler à travers les fissures naturelles du terrain et de venir ensuite se faire jour à de plus ou moins grandes distances de leur point de départ. Les dispositions relatives des couches perméables et imperméables, qui donnent naissance aux sources et aux terrains mouillés ou marécageux qu'elles produisent, varient à l'infini. C'est par une observation attentive et patiente de ce genre de phénomène que l'on peut arriver à la détermination des procédés d'assainissement les plus appropriés à chaque cas particulier. Il serait impossible de poser des règles générales et absolues à l'égard des méthodes à adopter pour combattre les effets nuisibles des eaux de source; mais un exemple suffira pour faire comprendre l'esprit de la méthode à suivre dans ces circonstances spéciales. Supposons, par exemple, qu'il

Fig. 26

s'agisse d'un terrain formé par un sol imperméable *aa* (fig. 26) sous lequel viennent s'engager les couches d'un sol imperméable *b b*, recouvert d'une terre absorbante *c*. L'eau tombée sur ce dernier terrain pénétrera dans son intérieur et viendra s'accumuler dans la partie perméable de la masse, sous le sol imperméable, à travers lequel se feront jour de place en place des sources permanentes *d* qui transformeront le terrain en marais sur une plus ou moins grande étendue. Puis quand ces sources ne pourront point débiter toute l'eau qui arrivera dans le sol poreux, le niveau s'élèvera, et de nouvelles sources jailliront dans les points *c*, par exemple. Il pourra même arriver que sous l'action d'une forte pression, d'autres sources se fassent jour temporairement, même au-dessous des sources permanentes.

La distinction entre les sources permanentes qu'Elkington appelle maitresses sources, et les sources temporaires, est excessivement importante et doit être faite avec le plus grand soin. On conçoit, en effet, que si l'on pousse une tranchée de drainage au sein même des sources permanentes, on obtiendra tout le résultat désiré, tandis que l'on ferait des dépenses presque inutiles si on ne pénétrait que dans les sources passagères.

Cela posé, dans le cas actuel, le meilleur mode d'assainissement consiste évidemment à tracer un drain principal en F, à le mettre en communication au moyen d'un sondage ou d'un puits avec la couche perméable, et enfin, à conduire à l'aide d'une tranchée convenable, les eaux recueillies dans toute la longueur de ce drain jusque dans la rigole G. Par ce moyen, l'eau ne pouvant pas s'élever au delà du niveau du conduit F, les sources temporaires *e* et permanentes *d*, seront supprimées aussi bien que les sources passagères produites au-dessous de *a* par des sous-pressions trop considérables.

Dans l'exemple précédent, l'eau *remonte* dans le drain par une ouverture disposée à cet effet. Mais il arrive, dans d'autres circonstances, que la couche imperméable sur laquelle s'étend la couche aquifère que l'on veut assainir, repose elle-même sur une couche absorbante. Il suffit alors de percer la couche imperméable pour permettre aux eaux supérieures de se perdre en *descendant* dans la couche absorbante. On peut dans certains cas obtenir de bons résultats en opérant de cette manière ; mais le succès est toujours incertain, et la couche absorbante s'obstrue souvent avec le temps. Il est donc préférable, quand on le peut, de faire remonter les eaux pour les diriger à son gré dans les canaux d'écoulement ménagés à cet effet.

Dans tous les cas, pour drainer les terrains criblés de sources, on se trouve conduit à établir une communication entre les drains et les parties perméables du sol. Ces communications peuvent s'établir de diverses manières. Quand la profondeur de la couche perméable au-dessous du sol à assainir n'excède pas 2 mètres ou 2 m. 50, il convient, en général, de pousser les drains jusqu'à cette profondeur : on rentre alors dans l'application des procédés ordinaires.

Lorsque la couche perméable est à une profondeur plus grande, on peut percer des trous avec une sonde de 0 m. 05 à 0 m. 07 de diamètre dans l'axe du drain. Quelques pierres suffisent dans les terrains solides pour maintenir l'entrée des trous de sonde. Quand la couche à traverser n'a que 4 à 5 mètres d'épaisseur, il est souvent préférable de remplacer le trou de sonde par un puits cylindrique que l'on remplit de pierres cassés, à travers lesquelles les eaux s'écoulent ou remontent facilement (1).

Comme on peut le voir par ce qui précède, l'application judicieuse de la méthode d'Elkington exige une connaissance parfaite de la nature des couches dont le terrain est

(1) Hervé-Mangon. *Encyclopédie pratique de l'Agriculteur*, T. VI, article Drainage.

composé, de leurs dispositions relatives et de l'origine des eaux souterraines, afin que l'on puisse attaquer avec certitude la cause véritable qui produit l'humidité du sol à dessécher.

Drainage vertical de M. Hervé-Mangon. — Pour le drainage des terrains bourbeux et criblés de sources, M. l'ingénieur Mangon a proposé un procédé différent, désigné par lui sous le nom de *drainage vertical*, et qu'il ne faut pas confondre avec la méthode toute différente à laquelle on donne quelquefois le même nom.

Ce procédé, par l'économie qu'il procure et par le succès qu'il obtient dans les terrains complètement détrempés, où tout autre mode de travail serait impraticable, est précieux dans bien des circonstances.

Voici la description qu'en donne M. Mangon lui-même :

« On ouvre, comme de coutume, une tranchée de drainage, et on la prolonge à travers les parties les plus bourbeuses des terrains. Si cela est nécessaire, on ouvre quelques autres tranchées partant du centre du terrain bourbeux, et prolongées en patte d'oie jusqu'à une certaine distance de leur origine comme l'indique la figure 27.

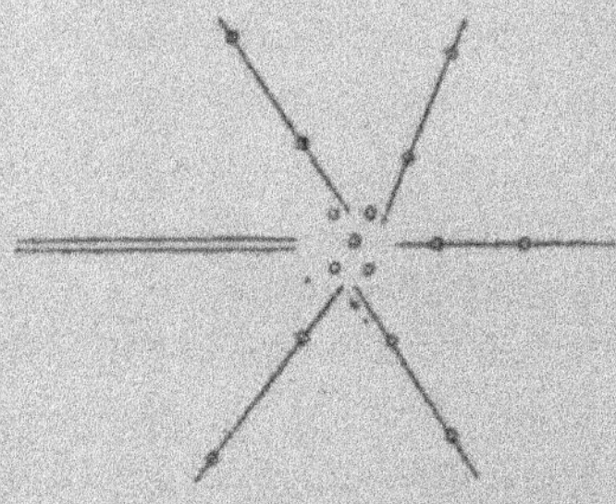

Fig. 27

On prépare ensuite des tuyaux ordinaires et on les entre librement et à joints croisés (fig. 28, *a* et *b*) dans des tuyaux du numéro immédiatement supérieur, qui forment, pour les premiers, des manchons de même longueur qu'eux : il suffit, pour cela, de commencer par un demi-tuyau. On a

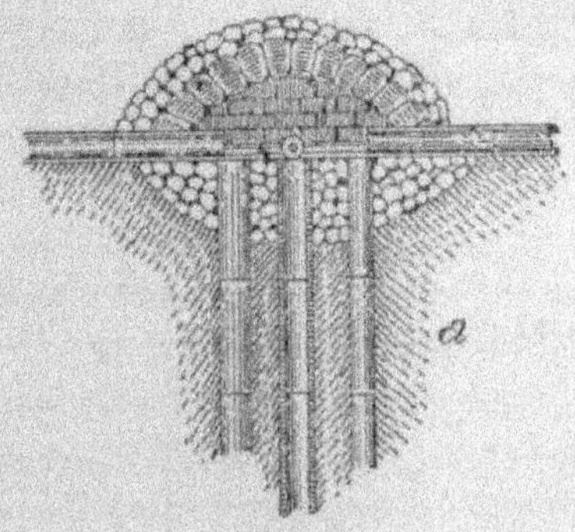

Fig. 28

soin, comme le montre la figure, d'échancrer les tuyaux pour rendre facile l'introduction de l'eau extérieure dans l'intérieur de ces tuyaux.

On fait passer dans la file de tuyaux ainsi préparés une tige de fer rond de 0 m. 015 à 0 m. 025 de diamètre, ou bien, suivant les cas, une tige de bois, d'un diamètre inférieur de 5 à 6 millimètres à celui des tuyaux.

On enfonce l'extrémité inférieure de cette tige de bois ou de fer dans un cône en bois dur (fig. 29), ferré à la

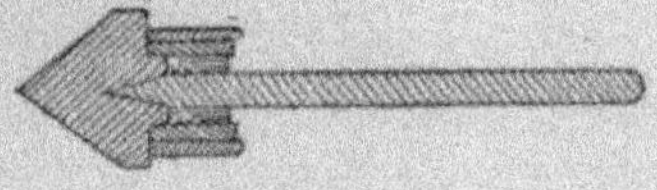

Fig. 29

pointe si le terrain est résistant. Cette espèce de sabot a 0 m. 01 de diamètre de plus environ que celui du tuyau extérieur. Il n'est que très légèrement réuni à la tige cylindrique, pour que l'on puisse séparer ces deux pièces l'une de l'autre sans éprouver une forte résistance, en les tirant en sens opposé. Les choses ainsi disposées, on enfonce verticalement, au fond des tranchées ouvertes à l'avance, les tuyaux précédés du sabot. Si le terrain est très bourbeux, comme celui de certains prés à bouillons (1), la colonne s'enfonce, pour ainsi dire par l'action seule de son poids. Si le terrain est très résistant, on la fait descendre en frappant sur le sommet de la tige de bois ou de fer dont on a parlé. Dans le cas où le terrain serait plus dur encore, et où l'on ne pourrait faire descendre la colonne de tuyaux par ce moyen, on préparerait leur emplacement avec un petit pieu en bois dur, raboté en fer à la pointe, et frotté à sa tête comme un pilotis, que l'on enfoncerait dans la masse ou avec un petit mouton, et que l'on arracherait ensuite. Enfin, on aurait recours à la sonde dans les terrains où l'on rencontrerait de grosses pierres isolées ou des couches minces trop dures pour céder à l'action du pieu ferré.

Lorsque la colonne de tuyaux est mise en place, quelle que soit la méthode employée, on soulève la tige qui traverse les tuyaux ; elle se sépare du sabot, qui reste sous la colonne de tubes, et peut être ramenée à l'extérieur, pour servir à d'autres opérations.

La tête des tuyaux ainsi placés est entourée de quelques pierres formant enrochement et s'introduisant, comme on le voit en A (fig. 28, A) dans le tuyau horizontal du drain, percé à cet effet d'une ouverture circulaire, comme pour un raccordement ordinaire.

Quand l'abondance des eaux oblige à placer plusieurs tuyaux verticaux les uns à côté des autres (fig. 28), on peut les recouvrir, comme l'indique la figure, par une espèce de

(1) Les *bouillons*, en terme de drainage, sont des endroits marécageux où des sources remontent d'une grande profondeur à la surface du sol, en formant des fondrières. — A. L.

voûte en pierres sèches, formant l'origine du drain de décharge sur laquelle on tasse la terre jusqu'à la surface du sol.

La disposition des tranchées en plan, varie nécessairement avec la disposition des lieux ; la figure 28 représente l'une des dispositions les plus compliquées ; car il est bien rare que quelques tuyaux groupés au centre même du terrain tourbeux ne suffisent pas à son assainissement. Des tuyaux verticaux placés dans un drain à 8 ou 10 mètres les uns des autres enlèvent déjà un énorme volume d'eau.

Quand on a placé des tuyaux verticaux dans un terrain, il convient, avant de recouvrir le drain de décharge, d'attendre que le régime des eaux soit bien établi, afin de proportionner le diamètre ou le mode de construction du drain, au volume d'eau à débiter.

La longueur des colonnes de tuyaux dépend nécessairement de la nature du sol où l'on opère. On les enfonce autant que le permet la résistance du terrain ; souvent on atteint des profondeurs de 4, 5 et 7 mètres et plus, qui, ajoutées à la profondeur de la tranchée, placent l'extrémité du tuyau à 8 ou 9 mètres au-dessous du sol. Chacun de ces tuyaux fonctionne, sur toute sa longueur, comme un drain ordinaire. On opère donc ainsi un drainage vertical d'une très puissante action sur les eaux remontantes, ou sur les eaux descendantes, si l'on atteint une couche absorbante ; ce qui, du reste, arrive assez rarement.

Sans entrer dans de plus longs détails sur le drainage des sources, on voit que la méthode se réduit à fournir aux eaux de cette espèce un écoulement régulier et assuré, qui les empêche de sourdre en différents points du sol, de se répandre à sa surface et d'imprégner sa masse entière.

CHAPITRE X

FONCTIONNEMENT D'UN DRAINAGE COMPLET. — OBSTRUCTIONS DES DRAINS

I. Fonctionnement des drains. — Obstructions : 1° Obstructions produites par des matières terreuses. — 2° Obstructions chimiques. — 3° Obstructions produites par les racines des plantes. — 4° Obstructions produites par les petits animaux souterrains.
II. Les eaux de drainage : Composition chimique et utilisation.

Fonctionnement normal.

Mode d'action des drains. — Comme on a pu le voir, dans le chapitre qui précède, les innovations à propos de drainage, proposées dans ces derniers temps, n'ont pas été bien heureuses pour la plupart, aussi les novateurs n'ont-ils pas obtenu les succès qu'ils espéraient. Cela se conçoit fort bien, étant donné que le drainage complet donne d'excellents résultats, les nombreux encouragements qu'il a obtenu de ce fait auraient dû mettre les inventeurs en garde.

Un drainage établi dans de bonnes conditions, suivant les principes que nous avons posés dans les chapitres qui précèdent, fournit un écoulement assuré aux eaux surabondantes et au bout de peu de temps ses bons effets ne tardent pas à se manifester.

Au moyen des regards et des bouches de décharge, il est facile de s'assurer du bon fonctionnement d'un drainage, et si celui-ci a été bien établi, il n'y a qu'un accident possible : les *obstructions*, accident fortuit et qui, dans la plupart des cas, ne dépend ni d'une mauvaise disposition, ni d'un vice de construction.

Ces obstructions, de quelque nature qu'elles soient, le draineur doit les combattre sans retard, s'il ne veut voir cesser l'action du drainage qui entraînerait le curage des drains, ce qui est toujours une opération longue, difficile et coûteuse.

Obstructions des drains. — Les engorgements ou obstructions sont de diverses natures, cependant on peut les ramener tous à quatre groupes, savoir :

1° Obtructions terreuses.

2° Obstructions chimiques.

3° Obstructions par les racines.

4° Obstructions par les animaux souterrains.

Obstructions produites par les matières terreuses. — Les eaux qui circulent dans le sol, tenant toujours en suspension des matières terreuses, argileuses et sableuses, celles-ci se déposent fréquemment dans les drains en pierrailles et en fascines ; par contre, ces obstructions sont beaucoup moins communes pour les drains en poterie, et ceci se comprend, étant donné que dans ces sortes de drains, l'eau, comme nous l'avons vu, s'écoule avec une grande vitesse et charrie avec elle les matières terreuses qui auraient pu pénétrer dans les tuyaux.

D'une manière générale, les drainages faits avec des manchons sont encore moins exposés que les autres aux obstructions de cette nature.

D'après M. Barral, les chances d'obstruction dont il s'agit sont plus fréquentes dans les terrains sablonneux que dans les sols consistants ; telle n'est pas la manière de voir de M. Leclerc, qui, dans les nombreux drainages qu'il a établis, n'a jamais eu un seul tuyau engorgé par de la terre dans les sols qui présentaient une consistance suffisante, tandis que des milliers de mètres de drains ont été bouchés dans les sables purs et sans cohésion. Ce fait peut d'ailleurs s'expliquer : dans les terrains consistants, les tuyaux sont entourés de matières que les eaux délayent difficilement, et celles-ci, en suintant à travers un sol plus ou moins compacte, ne peuvent acquérir une vitesse assez grande pour entraîner des substances étrangères jusque dans les conduits ; elles passent à travers la couche supérieure aux drains comme dans un filtre et elles arrivent parfaitement claires dans les tuyaux.

Au contraire, lorsque le sol est léger et très perméable, l'eau y passe avec plus de rapidité et les interstices dans lesquels elle circule sont assez larges pour lui permettre d'entraîner les matières qui se trouvent dans un grand état de division.

Obstructions chimiques. — Ces obstructions sont de trois natures principales suivant la substance qui les occasionne :

1° dépôts calcaires ;

2° dépôts séléniteux ;

3° dépôts ferrugineux.

Dans les sols calcaires et crayeux, les eaux tiennent toujours en dissolution, à la faveur de l'acide carbonique dont elles ont pu se charger, du carbonate de chaux qui passe avec elles dans les tuyaux ; l'eau en circulant dans les conduits et se dirigeant vers l'air libre, dégage son acide carbonique et les incrustations qui se produisent finissent par intercepter le passage de l'eau.

Un de ces dépôts calcaires a été analysé par M. Thomas Way (1) de la société royale d'agriculture d'Angleterre. Ce

(1) *Journal of the Royal agricultural Society of England*, T. X.

dépôt qui obstruait les conduits d'un drainage établi près de Sherbonne était formé de :

Carbonate de chaux	86,38
Sulfate de chaux	2,52
Magnésie, chlorure de sodium	traces
Matière insoluble, sable, argile, etc.	10,22
Total.	99,12

C'était donc le calcaire qui dominait de beaucoup dans ce dépôt, c'était aussi l'élément qui se trouvait en plus forte proportion dans l'eau du drainage du même terrain.

Il est vrai que l'obstruction dont il est ici question s'était produite dans des drains empierrés.

Les eaux séléniteuses, c'est-à-dire riches en sulfate de chaux ou plâtre, peuvent donner lieu aux mêmes accidents.

Les dépôts ferrugineux sont à craindre lorsqu'on aperçoit des matières rougeâtres déposées au fond ou sur les talus des fossés ouverts dans le terrain à drainer.

Ces dépôts ont été souvent observés dans les terrains ocreux de l'Ecosse.

Un de ses dépôts analysé par M. Philipps du *Geological Museum* a donné la composition suivante : (1)

Silice, alumine, traces de chaux.	49,2
Peroxyde de fer	27,8
Matière organique	23,0
	100,0

La plus grande partie du peroxyde de fer dénoté par cette analyse paraît être due, fait observer M. Philipps, à l'existence primitive du fer dans un état inférieur d'oxydation, tel qu'il pouvait être alors dissous par l'acide carbonique dû à la putréfaction des matières organiques du sol et ainsi charrié dans les eaux du drainage. Quand ces eaux ont été exposées à l'air atmosphérique, le protoxyde de fer a été changé en peroxyde insoluble à l'aide de l'oxygène de l'air. Les autres matières ont dû être entraînées mécaniquement par suite de leur existence dans un état de division très tenue.

Suivant M. Leclerc, le meilleur système à suivre lorsque les eaux sont ferrugineuses consiste à employer des tuyaux d'un petit diamètre et à faire déboucher séparément chaque drain de dessèchement dans un fossé à ciel ouvert ; il faut d'ailleurs donner aux saignées la plus forte pente possible et ne pas les continuer sur une trop grande longueur. Les fossés qui servent de réceptacle doivent être entretenus avec le plus grand soin, afin que l'embouchure des conduits ne soit jamais sous l'eau.

Obstructions produites par les racines des plantes. — Les obstructions causées par les racines des arbres ont été plusieurs fois signalées. On dit que le saule, le frêne et le maronnier d'Inde jettent souvent à deux ou trois mètres des racines dont une fibre, parvenant à pénétrer dans une ligne de drains par un des interstices laissés entre les tuyaux, s'y développe en longueur et en grosseur, et donne naissance à une masse de chevelus, semblable à une queue de renard. Ce chevelu bouche le drain aussi hermétiquement que s'il était fermé par de la glaise. Les circonstances dans lesquelles ces effets ont été constatés paraissent varier d'une manière capricieuse, dont on n'a pas bien saisi la loi. On a vu des tranchées rester parfaitement libres dans leur jeu pendant des années, quoiqu'elles fussent contigües à des haies et à des plantations d'arbres ; tandis qu'ailleurs des racines sont venues obstruer des tranchées placées à plusieurs mètres de distance. M. Parker conseille, comme mesure de prudence, de se tenir à 18 mètres des rangées d'arbres. Il pense aussi que des regards, de distance en distance, sont surtout nécessaires près des arbres, afin qu'on puisse vérifier si l'écoulement se fait régulièrement. On a vu des drains engorgés par les racines de *l'equisetum palustre*, plante des marais tourbeux connue sous le nom vulgaire de *queue de cheval* ; mais on a constaté que le terrain n'était pas suffisamment assaini. Nous pensons qu'on fera la même remarque quand on étudiera avec attention l'envahissement des tuyaux par les racines des arbres. Si pendant une partie de l'année, les tuyaux sont à sec ou à peu près, les racines n'y pénètrent pas, car leur chevelu y pourrirait, ou elles y mourraient. C'est pour cette raison aussi que, dans un drainage bien fait, nous ne redoutons pas beaucoup les obstructions que causeraient la luzerne ou la vigne, tout en demandant cependant que des expériences viennent vérifier nos idées (1).

On a enfin constaté aussi qu'un drainage fait, près de Coleshill, avec des tuiles courbes, depuis trente ans, à une profondeur de 0 mètre 68 avait été obstrué par des racines de betteraves. Le peu de profondeur et la mauvaise qualité des matériaux du drainage expliquent cette circonstance (2).

(1) J. A. Barral, Loc. cit., p. 747.

(2) Pour montrer combien les obstructions par les racines des plantes sont parfois surprenantes et inattendues, M. Leclerc relate un fait qui s'est produit dans sa pratique et qui porte d'ailleurs avec lui un enseignement que l'on ne doit point négliger.

Au mois de juin 1858, M. Leclerc fit drainer à Nederover-Heembeck, près de Bruxelles, une partie marécageuse, dont le sous-sol se composait d'un sable calcaire rendu fluide et boulant par l'abondance des eaux. Afin de protéger les conduits, on les enveloppa dans de la terre franche, détachée des parois des tranchées dans le voisinage de la surface. L'opération avait parfaitement réussi, lorsque, au printemps de l'année suivante, le propriétaire vint prévenir qu'une source s'était déclarée au milieu du terrain. Cette circonstance ne surprit point l'ingénieur ; il l'attribua tout d'abord à une obstruction produite par le sable fin du sous-sol, et nous nous mîmes en mesure d'y remédier. Après avoir fait ouvrir le drain bouché, immédiatement au-dessous de la partie humide, pour en retirer les tuyaux, quel ne fut pas l'étonnement de voir qu'une certaine résistance s'opposait à leur enlèvement et qu'ils paraissaient assujettis les uns aux autres par un lien intérieur. M. Leclerc en fit

Obstructions produites par les animaux souterrains. — Les petits animaux qui vivent dans les champs, tels que rats, souris, taupes, grenouilles, crapauds etc., peuvent en pénétrant dans les conduits pour s'y mettre à l'abri, former un obstacle à l'écoulement des eaux. Le petit animal périt généralement asphyxié dans le tuyau et c'est son corps inerte qui constitue l'obstacle. Ce sont généralement les taupes, animaux souterrains par excellence, qui donnent lieu à ces accidents.

Pour éviter ces accidents, il faut, comme nous l'avons précédemment recommandé, garnir l'embouchure des collecteurs avec des petits barreaux métalliques ou des gros fils de fer. Ces grillages seront placés de préférence entre les deux derniers tuyaux.

Les eaux de drainage.

Les eaux de drainage sont loin d'être chimiquement pures ; certes ces eaux en débouchant des collecteurs sont claires et limpides, car les couches terreuses qu'elles

casser quelques-uns et aperçut alors dans le conduit une véritable *queue de renard* formée par du chevelu de racine.

Comme il n'y avait aucun arbre dans le voisinage, il fit découvrir avec le plus grand soin les autres parties obstruées du drain, afin de voir à quelle végétation ce chevelu pouvait se rattacher. Le résultat de ces recherches fut que celui-ci provenait d'un filament de racine tout à fait isolé et qui probablement était détaché de la couche végétale lorsqu'on y avait pris la terre nécessaire pour entourer les tuyaux. Cependant, la queue de renard engendrée par ce filament en quelques mois avait une longueur de 15 mètres ; sa grosseur au milieu était assez forte pour fermer complètement le drain et elle allait en diminuant vers les deux bouts ; son aspect était à peu près celui d'un paquet de filasse.

Cette circonstance prouve qu'il faut être fort prudent lorsque l'on doit employer, pour recouvrir les drains, de la terre détachée des talus des tranchées, et qu'il importe de la prendre à une profondeur suffisante pour qu'elle ne contienne point de racines.

traversent constituent un véritable filtre auquel elles cèdent les matières solides qu'elles pourraient tenir en suspension.

Mais en cheminant dans la terre les eaux dissolvent les matières solubles des engrais et tout ce qui n'est pas utilisé par les plantes passe dans les tuyaux de drainage.

La composition des eaux de drainage a été étudiée avec beaucoup de soin par MM. Lawes, Gilbert et Warington dans la ferme expérimentale de Rothamsted. En voici les principales conclusions :

En ce qui concerne la quantité d'azote perdue dans les eaux de drainage :

Pendant une année très humide, un hectare de terre cultivé sans engrais a perdu environ 18 kilogrammes d'azote par le seul fait du drainage. La presque totalité de cette perte s'effectue en hiver, quand le sol est libre de toute végétation. Avec des fumiers contenant 48, 96, et 145 kilogrammes d'azote ammoniacal, la perte par le drainage s'élève à 24, 30 et 46 kilogr ; elle peut devenir beaucoup plus considérable, si l'acide phosphorique et la potasse font défaut, ou encore si les sels ammoniacaux employés comme engrais ont été répandus en automne.

Le minimum de richesse des eaux de drainage coïncide avec le maximum d'azote recouvré dans la récolte.

Quand la fumure est peu abondante, on trouve plus d'azote dans la récolte et les eaux de drainage qu'il n'y en avait dans l'engrais : dans le cas contraire, il y a perte.

En moyenne, on peut dire que le sol et les pluies fournissent aux cultures environ 33 kilogrammes d'azote par hectare et par an.

L'analyse du sol a montré que la terre s'appauvrit considérablement quand on ne lui fournit pas d'engrais azotés, quand, au contraire, on lui en a donné, il n'y a que de faibles variations, en rapport avec la richesse même des engrais et l'abondance des récoltes ; l'enrichissement qu'on obtient quelquefois est principalement dû aux débris que la culture laisse dans le sol.

Quand on emploie le fumier de ferme comme engrais, il peut se produire une perte considérable d'azote, attribuable à la décomposition des matières organiques ; si le sol est saturé d'eau, ou imparfaitement aéré, l'acide nitrique peut aussi se réduire et donner lieu à un dégagement d'azote libre (1).

Nous donnons ci-joint la composition chimique des eaux de drainage de Broadbalkfield, ainsi que la nature des engrais qui ont été régulièrement distribués aux diverses parcelles, d'après les analyses exécutées à Rothamsted.

Les eaux de drainage ne sont pas fatalement perdues. Par ce fait même que leur composition chimique les rapproche des eaux des sources naturelles, puisque, comme celles-ci, elles sont le produit d'infiltration de l'eau pluviale à travers les couches arables ; par ce fait même, elles sont bonnes pour les usages domestiques. En Angleterre, dans beaucoup de localités, ces eaux alimentent les fontaines et les abreuvoirs ; enfin, elles peuvent être employées pour irriguer d'autres terres, et c'est là la meilleure destination qu'on puisse leur donner.

Quant à la quantité d'eau évacuée par le drainage, elle est assez variable, non-seulement avec la saison, mais encore suivant que le sol est plus ou moins couvert de récoltes. Ainsi, dans le cas d'un sol portant des plantes à végétation vigoureuse, le drainage dans notre climat (2) est entièrement suspendu pendant l'été, à moins que les averses

(1) *Annales agronomiques*, T. VIII. Sur la composition des eaux de pluie et de drainage recueillies à Rothamsted, par MM. Lawes, Gilbert et Warington (*Journal of the Royal agricultural Society of England*).

(2) *The Gardener's Chronicle*, 25 septembre 1887. *Constituents of rain, drainage, and well waters*, par John Willis.

Numéros des parcelles	NATURE DES ENGRAIS	MATIÈRES solides totales	Carbone organique	AZOTE Organique	Ammoniacal	Nitrique	Total	Chlore	Dureté
2	35.000 k. fumier de ferme.	312.8	4.37	1.08	0.14	9.2	10.5	18.8	192
3. 4	Sans engrais.	209.3	1.51	0.34	0.01	3.8	4.2	10.1	169
5	Mélange minéral.	333.6	1.88	0.44	0.02	4.2	4.6	10.3	238
6	224 k. sels ammoniacaux et engrais minéraux.	493.0	2.04	0.48	0.02	9.5	10.0	26.3	340
7	418 k. sels ammoniacaux et engrais minéraux.	392.4	1.84	0.49	0.10	17.7	18.3	41.7	400
8	672 k. sels ammoniacaux et engrais minéraux.	681.8	2.15	0.65	0.06	23.4	24.1	50.2	425
9	616 k. nitrate de soude.	382.9	2.10	0.61	0.02	13.0	13.6	13.0	228
10	418 k. sels ammoniacaux.	476.7	1.6	0.51	0.04	21.2	21.7	42.2	329
11	418 k. *id.* et superphosphates.	554.9	1.3	0.41	0.03	23.4	23.9	45.6	392
12	448 k. *id.* et sulfate de soude.	639.6	1.47	0.40	0.02	20.2	20.6	11.6	425
13	448 k. *id.* et sulfate de potasse.	674.2	2.15	0.67	0.02	21.5	22.2	46.2	454
14	448 k. *id.* et sulfate magnésie.	662.6	2.21	0.54	0.03	20.3	20.9	46.0	446
15	448 k. *id.* et mélange minéral.	562.9	2.63	0.77	0.02	17.6	18.4	20.1	397
16	Sans engrais.	281.1	5.61	1.34	0.01	6.6	7.9	10.8	206

ne soient exceptionnellement abondantes et de longue durée.

Dans quelques drainages de M. Greaves à Lea-Bridge, sur une moyenne de quatorze ans (1860-1873), avec une quantité d'eau de 25 pouces 72, le drainage, pendant les six mois d'été, produisit 0 pouce 73 ou 9,7 p. 100, et pendant les six mois d'hiver, 6 pouces 85, ou 90,3 pour 100 (1).

(1) A. Larbalétrier. *L'Agriculture et la Science agronomique*, p. 164, 1888.

CHAPITRE XI

EFFETS DU DRAINAGE

Effets produits par l'évacuation des eaux surabondantes. — 1° Effets hygiéniques : Diminution des fièvres et de la dyssenterie : diminution des épizooties. — 2° Effets mécaniques : Ameublissement du sol drainé. — 3° Effets physiques. Effets calorofiques. Moindre évaporation. — 4° Effets chimiques : Action de l'air. Action des ferments du sol.

Evacuation des eaux surabondantes.

Nous avons vu dans un précédent chapitre, combien les eaux surabondantes sont nuisibles à la végétation et les défauts qu'elles communiquent aux sols.

On sait comment se comportent les eaux de pluies ; elles s'écoulent à la surface du sol, selon les diverses pentes de terrain, et y creusent ainsi tout d'abord de faibles dépressions, espèces de petites rigoles qu'elles suivent toujours en les rendant de plus en plus profondes. Dans les points de jonction leur volume s'accroît et la rigole centrale devient plus large ; elles arrivent enfin à se réunir en masses plus ou moins importantes, et elles finissent par creuser de forts ruisseaux d'écoulement.

Or, il en est de même dans l'*intérieur* du sol.

Si le sous-sol est imperméable, les eaux stagnent au-dessus. Si le sous-sol est drainé, les eaux tendant toujours à descendre, en vertu de la pesanteur, pénètrent dans les tuyaux de drainage, et elles s'écoulent facilement, laissant ainsi les racines dans les meilleures conditions pour croître librement. En s'écoulant dans les drains, les eaux se creusent forcément de petits conduits qui persistent, et par lesquels les eaux, survenant au fur et à mesure, s'écoulent avec encore plus de facilité.

Considérés d'une manière générale, les effets du drainage sont les suivants :

1° Le drainage entretient dans le sol une humidité générale qui résiste aux plus grandes sécheresses ;

2° Il assainit le sol et augmente la fertilité en enlevant l'excédent des eaux qu'il contient ;

3° Il ameublit la terre, qui devient ainsi plus facile à travailler ;

4° En enlevant l'excédent d'eau, il s'oppose à l'effet désastreux des gelées qui détruisent les semences et les racines ;

5° Il rend les récoltes plus précoces ;

6° Il permet aux terrains de recevoir une plus grande variété de végétaux ;

7° Les engrais profitent plus aux terres drainées. En outre, le drainage permet de labourer à plat, et dispense ainsi de creuser des billons destinés à l'écoulement des eaux, billons qui ont de graves inconvénients ;

8° Il transforme les pâturages humides en bonnes terres à fourrage, ce qui améliore considérablement la nourriture des bestiaux et supprime les causes de nombreuses maladies, la cachexie aqueuse entre autres.

Ce sont là les effets généraux du drainage, mais en prenant les choses en détail, on peut dire que les effets du drainage sont de quatre natures distinctes, savoir :

1° Les effets hygiéniques ;

2° les effets mécaniques ;
3° les effets physiques ;
4° les effets chimiques.

Effets hygiéniques.

Les effets hygiéniques du drainage sont ceux qui se font sentir sur la salubrité publique dans les régions où il est appliqué sur de grandes étendues.

Les bons effets du drainage sur la santé publique dans les pays humides, marécageux et fiévreux, sont bien manifestes. Dans une foule d'enquêtes, entourées de toutes les garanties désirables de fidélité, et où ont été entendus les médecins les plus distingués, des philanthropes, véritables amis du progrès et du bien-être des masses, on trouve constatés les effets suivants :

Plus de rareté dans les brouillards, qui sont à la fois moins nombreux, moins élevés et moins denses ;

Diminution considérable dans l'action des fièvres rémittentes et intermittentes ;

Disparition presque complète des rhumatismes, si fréquents dans les contrées humides ;

Amélioration notable de la santé générale des populations rurales.

Pour les brouillards, le fait se comprend aisément, ceux-ci étant formés par de la vapeur d'eau vésiculaire qui provient de l'évaporation du sol.

Quant aux effets du drainage sur les fièvres, nous le répétons, ils ne font pas de doute. Un seul exemple suffira pour le démontrer, il est emprunté à M. Pearson, qui donne le relevé suivant des cas de fièvre et de dissenterie, observés à une année de distance, dans une partie du district de Woolton, où des opérations de drainage avaient été exécutées sur une grande étendue de terrain :

Mois	Cas de fièvre et de dyssenterie 1847	1848
Juillet	25	»
Août	30	2
Septembre	17	7
Octobre	9	4
Novembre	9	3
Décembre	12	»
	102	16

Les mêmes faits s'observent sur le bétail ; dans les contrées humides, le bétail est décimé par des épizooties meurtrières, qui diminuent dans une notable mesure lorsque les terres ont été drainées. La diminution s'observe surtout sur la péripneumonie des bêtes bovines et la cachexie acqueuse chez les ovidés, enfin d'après M. Verheyen le drainage ferait aussi disparaître le typhus charbonneux.

Enfin, le drainage agit encore d'une manière non moins sensible sur les maladies des plantes. La rouille des céréales, et le piétin diminuent fortement dans les champs drainés.

2° Effets mécaniques.

Les effets mécaniques du drainage sont les suivants d'après M. Barral :

1° De diviser la terre en parcelles qui permettent aux filaments des racines de s'étendre avec facilité dans les pores nombreux où elles rencontreront plus de matières assimilables tant à l'état liquide qu'à l'état gazeux, tout en y trouvant un support suffisant ; 2° de mélanger, avec le moins de dépense possible, les engrais à la couche où s'élabore la nourriture des végétaux ; 3° de purger les champs des plantes parasites.

L'effet qu'on obtient en gâchant le mortier, donne une idée exacte de l'action exercée par les instruments aratoires dans un terrain humide. Il est évident que, bien loin d'atteindre le but pour lequel on les exécute, les labours. dans une terre chargée d'eau, produiront une action directement opposée : ils rendent la terre plus ferme et plus compacte au lieu de donner un sol mieux divisé et plus poreux, condition indispensable pour la santé et la pousse vigoureuse des plantes. Qand un tel sol se déssèche, il devient une masse dure où les végétaux cultivés ne peuvent trouver qu'à grand peine une chétive subsistance. Un des principaux effets des premiers labours, consiste surtout à retourner le sol de manière à recouvrir les semences des plantes parasites restées à la surface, de manière à les faire germer et à détruire les jeunes plantes naissantes par les seconds labours. Ce résultat n'est obtenu qu'autant que les mottes de terre peuvent se diviser, soit par l'action de la herse, soit par celle du rouleau. Dans les champs drainés, on constate toujours que les mottes s'émiettent facilement. Au bout de quelques mois après le drainage, la terre prend un aspect particulier qu'on ne peut mieux comparer qu'à celui que produisent les lombrics ou vers de terre ; les mottes les plus tenaces se fendillent et s'émiettent sans doute par suite du passage alternatif de l'eau et de l'air. L'eau s'égouttant peu à peu, laisse des vides que l'air remplit, pour être chassé à son tour au moment d'une pluie. Peut-être aussi l'air ayant pénétré dans le sol, se produit-il un effet chimique donnant naissance, par suite de l'action de l'oxygène sur le carbone de l'humus, à une certaine quantité d'acide carbonique qui se dégage en brisant l'adhérence des particules d'argile, auparavant soudées les unes aux autres (1).

(1) Il se produit aussi un phénomène de nitrification sous l'influence de l'oxygène de l'air.

La physionomie des terres change ainsi après le drainage ; elles ne se laissent plus battre de la même manière par les fortes pluies ; elles ne se tassent plus, parce que l'air qui y a pénétré ne saurait en être chassé brusquement : elles deviennent une sorte de filtre qui ne s'obstrue jamais, au lieu d'être une sorte de brique toujours compacte.

En d'autres termes, le drainage effrite la terre à la manière des labours très multipliés ; il ouvre ses pores, et facilite l'évaporation des parties les plus volatiles produites par la fermentation ; il détruit l'adhésion des molécules argileuses et rend le sol friable. De tels effets font comprendre pourquoi les agriculteurs ont constaté que les champs drainés exigent une force motrice moindre, appliquée aux instruments aratoires ; ils expliquent aussi en partie pourquoi le drainage augmente le rendement des récoltes, mais à la condition seulement qu'on emploiera des engrais abondants. On ne saurait trop insister sur ce point important.

Mais il est un autre effet mécanique du drainage que l'expérience peut mesurer plus facilement que celui de la division du sol que nous venons d'examiner ; c'est la quantité d'eau que les drains écoulent du sol, suivant les différents terrains et selon les climats.

La plupart des auteurs qui ont écrit sur la question, se contentent du calcul pour déterminer la quantité d'eau que le drainage peut ou doit enlever. Ils raisonnent ainsi : des expériences directes montrent que la pluie donne en un an une hauteur d'eau a et que l'évaporation rend à l'atmosphère une hauteur b, en conséquence, le drainage enlèvera $a-b$. Ce raisonnement est faux pour deux raisons. D'abord la filtration naturelle à travers le terrain ne cessera pas complètement ; toute l'eau de pluie qui ne sera pas évaporée ne sera donc pas nécessairement enlevée par le drainage ; ce qui peut tendre à diminuer l'eau que le drainage écoulera. D'un autre côté, il peut arriver dans le sol qu'on considère, des eaux supérieures et des eaux souterraines qui remontent à la manière des eaux artésiennes ; ces eaux peuvent tendre à augmenter la quantité dont le drainage procurera l'écoulement. On comprend bien, d'après cela, que tous les calculs qui reposent uniquement sur la valeur de $a—b$, ne peuvent mener à aucune détermination absolue, quoiqu'on ait voulu en conclure et les dimensions des tuyaux de drainage et les longueurs des drains. Nous invitons donc les agriculteurs qui drainent leurs terres, à faire effectuer des jaugeages des eaux écoulées, en mesurant en outre par des udomètres ou pluviomètres, la quantité de pluie tombée durant le même temps.

La première détermination de l'eau déchargée par le drainage a été faite en Angleterre, par M. Milne, de Milne-Graden, qui a fait durer ses expériences de jaugeage du milieu de juin 1848 au milieu d'avril 1849, c'est-à-dire pendant 10 mois. Les mesures directes ont montré que le drainage a fourni une décharge d'eau s'élevant à 522.720 litres par hectare. Ce chiffre, tout considérable qu'il paraisse, ne représente qu'une hauteur d'eau de 51 millimètres, et c'est là un résultat remarquable qui confirme complètement les observations que nous présentions tout à l'heure sur l'inexactitude de calculs reposant sur la différence existant entre la hauteur d'eau de pluie et la hauteur d'eau d'évaporation. En effet, d'après les travaux de Dalton, la filtration eût dû s'élever à 169 millimètres, et d'après ceux de Dickinson, elle eût dû atteindre 276 millimètres. Le drainage, dans certains terrains, n'enlève donc qu'une fraction de l'eau filtrant à travers le sol et provenant de la pluie.

3° Effets physiques.

Les effets physiques du drainage ont été surtout étudiés par M. Josiah Parkes, qui a fait à ce sujet de nombreuses expériences, ayant surtout en vue de déterminer : 1° l'influence exercée sur la température du sol ; 2° les modifications éprouvées par le pouvoir évaporatoire de la couche arable.

M. Barral en a tiré les conclusions qui suivent :

1° Un sol drainé est plus chaud qu'un sol non drainé de même nature. En effet, d'après des expériences nombreuses, il est incontestable que le drainage, dans certaines circonstances, permet l'échauffement de couches qui, autrement, resteraient à des températures constantes très basses.

2° L'évaporation d'un sol drainé est moindre que celle d'un même sol non drainé, mais dans un rapport qui est à déterminer pour les divers climats, les diverses natures de terre, les diverses sortes de culture.

M. Charnock a fait à ce sujet des expériences fort curieuses dont voici les conclusions :

Filtration, pour 100 de pluie, à travers un sol drainé à 0 m. 91. . . . . 20.0

Evaporation, pour 100 de pluie, du sol drainé . 80.0

Evaporation du sol drainé par rapport à celle du sol saturé, supposée égale à 100. . . . . 63.7

Evaporation du sol drainé par rapport à celle de l'eau exposée au vent et au soleil, supposée égale à 100. . . . . 56.0

Evaporation du sol drainé par rapport à celle de l'eau exposée au vent, mais à l'abri du soleil, supposée égale à 100 . . . . 84.5

Evaporation du sol saturé par rapport à celle de l'eau exposée au vent et au soleil, supposée égale à 100 . . . . 88.00

Evaporation du sol saturé par rapport à celle de l'eau exposée au vent, mais à l'abri du soleil, supposée égale à 100 . . . . 132.2

Evaporation de l'eau exposée au vent et au soleil, par rapport à celle de l'eau exposée au vent, mais mise à l'abri du soleil, supposée égale à 100. . 151.2

Ainsi, on reconnaît bien nettement qu'un sol drainé est soumis à une évaporation de 36,3 pour 100, inférieure à celle du même sol supposé complètement saturé d'humidité.

3° La moindre évaporation d'un sol drainé explique très bien la diminution du nombre des brouillards dans les régions drainées, puisque les brouillards naissent de préférence dans un air plus chargé d'humidité.

4° Toutes circonstances égales d'ailleurs, des drains plus profonds paraissent débiter une plus grande quantité d'eau, de sorte qu'on peut espacer davantage les lignes, mais dans des rapports que l'expérience n'a pas encore fait suffisamment connaître.

4° Effets chimiques.

Les réactions chimiques dans le drainage, fait encore observer M. Barral, proviennent des réactions exercées par l'eau pluviale et surtout par l'air sur les matériaux du sol, sur les engrais organiques et sur les engrais minéraux ou amendements qu'on y ajoute dans toute culture perfectionnée. L'air intervient dans les effete chimiques du drainage, non pas seulement en se trouvant en contact avec la partie supérieure du terrain rendue plus poreuse, mais surtout parce qu'il remonte d'en bas, à travers les fissures des tuyaux et celles du sol lorsque celui-ci a été égoutté.

M. Chevreul a fait ressortir d'une manière évidente l'action énergique de l'air dans le drainage.

L'oxygène de l'air, arrivant en beaucoup plus grande abondance dans le sol, doit former de l'acide carbonique ; il doit ainsi hâter la décomposition de toutes les matières organiques du sol et fournir aux plantes une nourriture mieux appropriée à leurs besoins ; car l'acide carbonique paraît être le principal dissolvant à l'aide duquel le carbonate de chaux, le phosphate de chaux, le phosphate de fer, et enfin l'oxyde de fer, sont charriés dans la sève des plantes. Peut-être aussi l'azote de l'air n'assiste-t-il pas indifférent à toutes ces réactions. On sait enfin que, dans les terres calcaires ou renfermant des matières alcalines, il se forme, par la combustion lente des matières organiques d'origine animale, des azotes qui, à leur tour, peuvent exercer également une influence sur la végétation. En présence de tant de phénomènes qui doivent très probablement se passer dans le sein d'une terre drainée, on s'explique bien l'accélération de la pousse des plantes, la plus hâtive maturité des récoltes, la vertu plus nourrissante des herbages, phénomènes que les draineurs proclament évidents.

L'explication de l'assainissement des sols humides à l'aide du drainage peut être développée dans les trois propositions suivantes.

1° Ainsi qu'il résulte de la démontration de M. Chevreul, il y a de l'hydrogène sulfuré, ou, autrement dit, de l'acide sulfhydrique ou hydrosulfurique produit, lorsque des matières organiques se putréfient en présence des sulfates. On sait que l'acide sulfhydrique, corps qui a l'odeur des œufs pourris, et qui noircit l'argent, le plomb, le cuivre, est un poison énergique pour les animaux et les végétaux. Cet acide sulfhydrique, il est vrai, se combine avec les radicaux des alcalis pour former des sulfures fixes ; mais, en présence des acides organiques que fournit aussi la putréfaction des matières animales ou végétales contenues dans le sol, l'acide sulfhydrique peut être mis en liberté et nuire énergiquement à la végétation. L'influence de l'air a pour effet direct de fournir de l'oxygène aux sulfures, s'ils sont formés et de les empêcher de pouvoir donner naissance à de l'acide sulfhydrique. Quand les sulfures ne sont pas encore produits, l'oxygène de l'air brûle directement les matières organiques, surtout en présence des alcalis, et alors il ne se forme aucun corps nuisible à la végétation.

2° Quand un sol n'est pas aéré, et qu'il contient de l'oxyde de fer, il arrive que cet oxyde de fer abandonne de l'oxygène aux matières organiques en putréfaction pour les brûler lentement, en se réduisant à un état d'oxydation inférieur, jusqu'à ce qu'il ne puisse plus céder aucune parcelle d'oxygène. Le sol devient bientôt improductif si l'air ne peut pas s'y renouveler. On aura beau y ajouter des engrais ; en l'absence d'oxygène, ces engrais ne fourniront que des produits nuisibles aux plantes. Supposons qu'au bout de quelque temps l'air puisse intervenir, son premier effet sera de réparer les désastres passés, c'est-à-dire de régénérer de l'oxyde de fer.

3° Il arrive que beaucoup de sols contiennent des pyrites ou sulfures de fer. Ces pyrites ne seront pas dangereuses si de l'air peut être donné au sol, car l'oxygène de cet air transformera ses éléments ; l'un, c'est-à-dire le soufre, en acide sulfurique ; l'autre, ou le fer, en oxyde de fer. Ce qui se produit dans la préparation des cendres pyriteuses que l'on fabrique pour l'agriculture au bord de certaines carrières par la simple accumulation dans des tas où l'on permet à l'air d'intervenir. Mais supprimez l'introduction de l'air dans les terres pyriteuses ; vous aurez beau les fumer, elles continueront à rester, sinon stériles, au moins peu fertiles.

CHAPITRE XII

(Appendice)

LÉGISLATION DU DRAINAGE

Il ne suffit pas de constater qu'un champ a besoin d'être drainé pour procéder à cette opération. Avant de commencer tout travail de ce genre, il faut examiner si on ne gênera pas les voisins et surtout si on pourra facilement faire écouler l'eau qui sortira des drains dont on projette la pose.

En France, la législation du drainage a surtout été établie pendant le ministère de M. Dumas, il a réuni tous les documents qui constituent la législation anglaise sur ce sujet et les a soigneusement étudiés.

Les ministres successeurs de M. Dumas ont complété son œuvre.

Loi du 10 juin 1854 sur le libre écoulement des eaux provenant du drainage.

Article 1. — Tout propriétaire qui veut assainir son fond par le drainage ou par un autre moyen d'assèchement, peut, moyennant une juste et préalable indemnité, en conduire les eaux souterraines ou à ciel ouvert, à travers les propriétés qui séparent ce fond d'un autre cours d'eau ou de toute autre voie d'écoulement.

Sont exceptés de cette servitude les maisons, cours, jardins, parcs et enclos attenant aux habitations.

Art. 2. — Les propriétaires de fond voisins ou traversés ont la faculté de se servir des travaux faits en vertu de l'article précédent, pour l'écoulement des eaux de leurs fonds.

Ils supportent dans ce cas : 1° une part proportionnelle dans la valeur des travaux dont ils profitent ; 2° les dépenses résultant des modifications que l'exercice de cette faculté peut rendre nécessaires ; et 3°, pour l'avenir, une part contributive dans l'entretien des travaux communs.

Art. 3. — Les associations de propriétaires qui veulent, au moyen de travaux d'ensemble, assainir leurs héritages par le drainage ou tout autre mode d'assèchement, jouissent des droits et supportent les obligations qui résultent des articles précédents. Ces associations peuvent, sur leur demande, être constituées, par arrêtés préfectoraux, en syndicats auxquels sont applicables les articles 3 et 4 de la loi du 14 floréal an XI.

Art. 4. — Les travaux que voudraient exécuter les associations syndicales, les communes ou les départements, pour faciliter le drainage ou tout autre mode d'assèchement, peuvent être déclarés d'utilité publique par décret rendu en Conseil d'Etat. Le règlement des indemnités dues pour expropriations est fait conformément aux paragraphes 2 et suivants de l'article 16 de la loi du 21 mai 1836.

Art. 5. — Les contestations auxquelles peuvent donner lieu l'établissement et l'exercice de la servitude, la fixation du parcours des eaux, l'exécution des travaux de drainage ou d'assèchement, les indemnités et les frais d'entretien, sont portés en premier ressort devant le juge de paix du canton, qui, en prononçant, doit concilier les intérêts de l'opération avec le respect dû à la propriété. S'il y a lieu à expertise, il pourra n'être nommé qu'un seul expert.

Art. 6. — La destruction totale ou partielle des conduits d'eau ou fossés évacuateurs est punie des peines portées à l'article 456 du Code pénal.

Tout obstacle apporté volontairement au libre écoulement des eaux est puni des peines portées par l'article 457 du même Code.

L'article 463 du Code pénal peut être appliqué.

Art. 7. — Il n'est aucunement dérogé aux lois qui règlent la police des eaux.

Loi du 17 juillet 1856 sur le drainage.

Titre Ier. — Encouragements donnés par l'Etat.

Article 1. — Une somme de cent millions est affectée à des prêts destinés à faciliter les opérations du drainage.

Un article de la loi de finances fixe, chaque année, le crédit dont le ministre de l'agriculture, du commerce et des travaux publics peut disposer pour cet emploi.

Art. 2. — Les prêts effectués en vertu de la présente loi sont remboursables en vingt-cinq ans, par annuités, comprenant l'amortissement du capital et l'intérêt calculé à 4 pour 100.

L'emprunteur a toujours le droit de se libérer, par anticipation, soit en totalité, soit en partie.

Le recouvrement des annuités a lieu de la même manière que celui des contributions directes.

Titre II. — Du privilège sur les terrains drainés et sur leurs récoltes ou revenus.

Art. 3. — Il est accordé au Trésor public, pour le recouvrement de *l'Annuité échue et de l'annuité courante sur les récoltes ou revenus des terrains drainés*, le privilège qui prend rang immédiatement après celui des contributions publiques. Néanmoins, les sommes dues pour les semences ou pour les frais de la récolte sont payées sur le prix de la récolte avant la créance du Trésor public. *Le Trésor public a également, pour le recouvrement de ses prêts, un privilège qui prend rang avant tout autre sur les terrains drainés.*

Art. 4. — Le privilège sur les terrains drainés, tel qu'il est établi dans l'article précédent, est accordé : 1° aux syndicats, pour le recouvrement de la taxe d'entretien et des prêts faits par eux ; 2° aux prêteurs, pour le remboursement des prêts faits à des syndicats ; 3° aux entrepreneurs, en se conformant aux dispositions du paragraphe 5 de l'article 2103 du Code Napoléon.

Les syndicats ont, en outre, pour la taxe d'entretien de l'année échue et de l'année courante, le privilège sur les récoltes ou revenus tel qu'il est établi par l'article 3. Le privilège n'affecte chacun des immeubles compris dans périmètre d'un syndicat que pour la part de cet immeuble dans la dette commune.

Art. 5. — Toute personne ayant une créance privilégiée ou hypothécaire antérieure au privilège acquis en vertu de la présente loi, a le droit, à l'époque de l'aliénation de l'immeuble, de faire réduire ce privilège à la plus-value existant à cette époque, et résultant des travaux de drainage.

Titre II. — Du mode de conservation du privilège.

Le Trésor public, les syndicats, les prêteurs et les entrepreneurs n'acquièrent ce privilège que sous la condition d'avoir préalablement fait dresser un procès-verbal à l'effet de constater l'état de chacun des terrains à drainer relativement aux travaux de drainage projetés, d'en déterminer le périmètre et d'en estimer la valeur actuelle d'après les produits.

Lorsqu'il s'agit d'un prêt demandé au Trésor public, le procès-verbal est dressé par un ingénieur ou un homme de l'art commis par le préfet, assisté d'un expert désigné par le juge de paix ; s'il y a désaccord entre l'ingénieur et l'expert, celui-ci fait consigner ses observations dans le procès-verbal.

Dans les autres cas, le procès-verbal est dressé par un expert désigné par le juge de paix du canton où sont situés les biens.

Les entrepreneurs qui ont exécuté des travaux pour des propriétaires non constitués en syndicats doivent, de plus, faire vérifier la valeur de leurs travaux dans les deux mois de leur exécution, par *un expert désigné* par le juge de paix. Le montant du privilège ne peut pas excéder la valeur constatée par ce second procès-verbal.

Art. 7. — Le privilège accordé par la présente loi sur les terrains drainés se conserve par une inscription prise : pour le Trésor public et pour les prêteurs dans les deux mois de l'arrêté qui les constitue; pour les entrepreneurs, dans les deux mois du procès-verbal prescrit par le premier paragraphe de l'article 6.

L'inscription contient, dans tous les cas, un extrait sommaire de ce procès-verbal.

Lorsqu'il y a lieu à vérification des travaux, en exécution du quatrième paragraphe de l'article 6, il est fait mention, en marge de l'inscription, du procès-verbal de cette vérification, dans les deux mois de sa date.

Art. 8. — L'acte de prêt consenti au profit d'un syndicat répartit provisoirement la dette entre les immeubles compris dans le périmètre du syndicat, proportionnellement à la part que chacun de ces immeubles doit supporter dans la dépense, et l'inscription est prise d'après cette répartition provisoire.

Pour les avances d'un syndicat, l'inscription est également prise d'après une répartition provisoire faite, comme il est dit au paragraphe précédent, par les soins du syndicat, si la répartition provisoire est rectifiée ultérieurement par l'effet des recours ouverts aux propriétaires en vertu de l'article 4 de la loi du 14 floréal an XI, il est fait mention de cette rectification en marge des inscriptions, à la diligence du syndicat dans les deux mois de la date où la répartition nouvelle est devenue définitive ; le privilège s'exerce conformément à cette dernière répartition.

Titre IV. — Dispositions générales.

Art. 9. — Si une opération de drainage aggrave les dépenses d'un cours d'eau réglées par la loi du 14 floréal an XI, les terrains drainés sont compris dans les propriétés intéressées et imposés conformément à cette loi.

Art. 10. — Un règlement d'administration publique détermine les conditions et les formes des prêts faits par le Trésor public, et en général, toutes les mesures nécessaires à l'exécution de la présente loi.

Décret portant approbation à la convention passée le 28 avril 1858 avec la Société du Crédit Foncier de France, pour les prêts à faire en faveur du drainage.

22 septembre 1858.

Napoléon, etc.

Sur le rapport de notre ministre secrétaire d'Etat au département de l'agriculture, du commerce et des travaux publics ;

Vu la loi du 17 juillet 1856 sur le drainage et spécialement l'article 1er qui dispose qu'une somme de 100 millions de francs est affectée à des prêts destinés à faciliter les opérations de drainage ;

Vu la délibération de l'assemblée générale des actionnaires de la Société du Crédit Foncier de France, en date du 28 avril 1858 ;

Vu la convention passée, le 28 avril 1858, entre nos ministres des finances et de l'agriculture, du commerce et des travaux publics d'une part, et la Société du Crédit Foncier de France, représentée par M. Louis Frémy, conseiller d'Etat en service extraordinaire, gouverneur de la dite Société, d'autre part ;

Vu la loi du 28 mai 1855, qui approuve les articles 5 et 6 de ladite convention et autorise le Crédit Foncier de France à faire des prêts prévus par la loi ci-dessus visée, du 17 juillet 1856, dans les conditions déterminées par cette loi ;

Notre Conseil d'Etat entendu,

Avons décrété et décrétons ce qui suit :

Article 1er. — Est et demeure approuvée la convention passée, le 28 avril 1858, entre nos ministres secrétaires d'Etat aux départements des finances et de l'agriculture, du commerce et des travaux publics, d'une part, et la Société du Crédit Foncier de France, représentée par M. Louis Frémy, conseiller d'Etat en service extraordinaire, d'autre part, et dont l'objet est de charger ladite Société des prêts à faire pour le drainage.

Ladite convention restera annexée au présent décret.

Art. 2. — Nos ministres des finances et de l'agriculture, du commerce et des travaux publics, sont chargés, chacun en ce qui le concerne, de l'exécution du présent décret.

Convention entre Leurs Excellences les ministres des finances, de l'agriculture, du commerce et des travaux publics, et la Société du Crédit foncier de France.

Art. 1er. — Le Crédit foncier de France est chargé des prêts à faire en vertu de l'art. 1er de la loi du 17 juillet 1856, sur le drainage.

Ces prêts auront lieu dans les conditions déterminées par ladite loi.

Art. 2. — Pour la garantie des prêts et le recouvrement des annuités, le Crédit foncier de France sera subrogé, par la loi qui interviendra à l'effet de ratifier la présente convention, aux droits et privilèges accordés au Trésor public par le troisième paragraphe de l'article 2 et par les articles 3 et 6 de la loi sur le drainage, sans préjudice de toutes autres voies d'exécution.

Le Crédit foncier de France jouira, en outre, en vertu d'une disposition législative, des droits et immunités qui lui sont attribués par le titre IV du décret du 28 février 1852, modifié conformément à l'article 1er de la loi du 10 juin 1853, par l'article 47 du même décret, et par les articles 4, 6 et 7 de la loi précitée du 10 juin 1853.

Art. 3. — Le ministre de l'agriculture, du commerce et des travaux publics transmet à la Société du Crédit foncier les demandes de prêts.

Si le Crédit foncier juge que les garanties offertes par les demandeurs sont suffisantes, le ministre autorise ce prêt. Ce prêt est fait sous la responsabilité et aux risques et périls du Crédit foncier

Art. 4. — Indépendamment des privilèges résultant de la loi du 17 juillet 1856, le Crédit foncier peut exiger que l'emprunteur lui confère une hypothèque s'il reconnait la nécessité de ce supplément de garantie.

Art. 5. — Le Crédit foncier de France est autorisé à contracter, avec la garantie du Trésor, des emprunts successifs sous formes d'obligations, dites *obligations de drainage*, qui pourront être émises, même au-dessous du pair, et qui seront remboursables au pair.

Ces émissions auront lieu jusqu'à concurrence de la somme nécessaire pour produire un capital de 100 millions. Ce capital sera exclusivement consacré aux prêts destinés à favoriser les opérations de drainage, en vertu de l'article 1er de la loi du 17 juillet 1886.

L'émission des obligations ne pourra être faite qu'en vertu d'une autorisation des ministres de l'agriculture, du commerce et des travaux publics et des finances, qui détermineront, chaque année, l'importance et l'époque de l'émission, le taux et les autres conditions des négociations. Les obligations ainsi émises devront être remboursées dans un délai de vingt-cinq ans au plus tard, à partir de la création des titres.

Chaque année, le nombre des obligations à rembourser sera déterminé par le ministre des finances, qui pourra, s'il le juge convenable, accélérer la marche régulière de l'amortissement, en raison des remboursements effectués par les emprunteurs.

Art. 6. — Il sera payé par le Trésor au Crédit foncier de France une commission de 45 centimes par 100 francs et par année, sur le capital de chaque somme prêtée, pour le couvrir tant des risques mis à sa charge que des frais généraux relatifs au service qui lui est confié. Cette commission sera réduite à 35 centimes dans les cas prévus par l'article 4, où le Crédit foncier aurait exigé une hypothèque.

Si les obligations de drainage ne pouvaient être négociées au pair qu'à un taux d'intérêt supérieur à celui de 4 pour 100 payé par les emprunteurs, ou si elles ne pouvaient être négociées qu'au-dessous du pair, l'excédent de dépense qui résulterait, soit de la différence d'intérêt, soit du montant de la prime, sera supporté par le trésor, déduction faite des bénéfices que le Crédit foncier aurait pu retirer des négociations d'obligations au-dessus du pair.

Cet excédant de dépense sera constaté par le compte des obligations émises et des prêts réalisés, tenus par le Crédit foncier de France.

Ce compte sera réglé tous les six mois.

Les fonds provenant soit de la négociation des obligations, soit du payement des annuités et intérêts dus pour cause de retard, soit enfin des remboursements anticipés, seront déposés, en compte courant, au Trésor.

Il ne sera payé, pour ce dépôt, d'autre intérêt au Crédit foncier que celui qu'il payera lui-même aux porteurs de ses obligations depuis le jour du versement au Trésor des fonds provenant de leur négociation, jusqu'au jour de leur emploi en prêts de drainage.

Art. 7. — La présente convention sera soumise à l'assemblée générale des actionnaires du Crédit foncier de France.

Elle ne sera définitive qu'après avoir été approuvée par un décret de l'Empereur, et par une loi en ce qui concerne les engagements du Trésor.

Loi qui substitue la société du Crédit foncier de France à l'Etat, pour les prêts à faire, jusqu'à concurrence de 100 millions, en vertu de la loi du 17 juillet 1856 sur le drainage.

28 mai 1858.

Article 1er. — Le Crédit foncier de France est autorisé à faire les prêts prévus par l'article 1er de la loi du 17 juillet

1856 sur le drainage, dans les conditions déterminées par ladite loi.

Art. 2. — La société du Crédit foncier de France est subrogée aux droits et privilèges accordés au Trésor public par le troisième paragraphe de l'article 2, et par les articles 3 et 6 de la loi du 17 juillet 1856, sans préjudice de toutes autres voies d'exécution.

Art. 3. — Les droits et immunités attribués au Crédit foncier de France par le titre IV du décret du 28 février 1852, modifié, conformément à l'article 1er de la loi du 10 juin 1853, par l'article 17 du même décret et par les articles 4, 6 et 7 de la loi précitée du 10 juin 1853, sont déclarés applicables aux prêts effectués par le Crédit foncier de France, en exécution de la loi du 17 juillet 1856.

Les annuités dues par les emprunteurs sont affectées, par privilège, au remboursement des obligations du drainage.

Art. 4. — Sont approuvés les articles 5 et 6 de la convention passée entre le ministre des finances, le ministre de l'agriculture, du commerce et des travaux publics, agissant au nom de l'État d'une part, et la société du Crédit foncier de France, représentée par son gouverneur, d'autre part, lesdits articles relatifs aux engagements mis à la charge du Trésor par ladite convention.

Art. 5. — Un article de la loi de finance fixe, chaque année, la somme des obligations qui pourront être émises. Cette somme, pour 1858 et 1859, ne pourra dépasser 10 millions.

Décret portant règlement d'administration publique pour l'exécution des lois des 17 juillet et 28 mai 1858, en ce qui touche les prêts destinés à faciliter les opérations de drainage.

23 septembre 1858.

Napoléon, etc.,

Sur le rapport de notre ministre, secrétaire d'Etat au département de l'agriculture, du commerce et des travaux publics :

Vu la loi du 17 juillet 1856, relative au drainage, et notamment l'article 10, ainsi conçu :

« Un règlement d'administration publique détermine les conditions et les formes des prêts faits par le Trésor public, les mesures propres à assurer l'emploi des fonds provenant de ces prêts à l'exécution des travaux de drainage, les formes de la surveillance de l'administration sur l'exécution et l'entretien des travaux de drainage effectués, les prêts faits par le Trésor public, et, en général, avec toutes les mesures nécessaires à l'exécution de la présente loi. »

Vu la loi du 28 mai 1858, ayant pour objet de substituer la société du Crédit foncier de France à l'Etat, pour les prêts à faire jusqu'à concurrence de 100 millions, en vertu de la loi du 17 juillet 1856 sur le drainage ;

Vu la convention définitive passée le 28 avril 1858, entre nos ministres secrétaires d'Etat au département des finances et au département de l'agriculture, du commerce et des travaux publics, d'une part, et le gouverneur du Crédit foncier de France, à ce autorisé par l'article 3 des résolutions prises, le 28 avril 1858, par l'assemblée générale des actionnaires de ladite Société, d'autre part ;

Notre conseil d'Etat entendu,

Avons décrété et décrétons ce qui suit:

Titre Ier. — Forme et instruction des demandes de prêts.

Article 1er. — Tout propriétaire qui veut obtenir un prêt, par application des lois des 17 juillet 1856 et 28 mai 1858, adresse sa demande au ministre de l'agriculture, du commerce et des travaux publics.

Cette demande énonce :

1° La somme qu'il veut emprunter, et, s'il y a lieu, celle pour laquelle il entend concourir à la dépense ;

2° Les noms et prénoms des fermiers ou colons partiaires.

Il y est joint un extrait de la matrice et du plan cadastral, avec indication de la situation et de l'étendue des terrains à drainer.

Art. 2. — Les demandes de prêts, avec les pièces à l'appui, sont soumises à une commission formée près du ministère de l'agriculture, du commerce et des travaux publics, sous le titre de commission supérieure du drainage.

Les membres de cette commission sont nommés par le ministre.

Art. 3. — Après délibération de la commission, la demande de prêt est renvoyée, s'il y a lieu, à l'ingénieur chargé du service hydraulique dans le département de la situation des biens. Dans la quinzaine qui suit l'envoi, l'ingénieur visite les terrains à drainer, procède aux opérations et vérifications nécessaires pour apprécier l'utilité de l'entreprise projetée, et donne son avis sur l'admissibilité de la demande du prêt. Son rapport est adressé au préfet, qui le transmet, dans les dix jours, avec ses propositions, au ministre de l'agriculture, du commerce et des travaux publics.

Art. 4. — Le ministre adresse, s'il y a lieu, les pièces à la Société du Crédit foncier de France, afin qu'elle vérifie les titres de propriété et la situation hypothécaire du demandeur. Si la Société juge que les garanties offertes par le demandeur sont suffisantes, le ministre statue après avis de la commission.

L'arrêté du ministre qui autorise le prêt, en détermine les conditions générales, et notamment les délais dans lesquels les travaux devront être commencés et achevés.

Art. 5. — Si la demande de prêt est formée par un syndicat, cette demande doit contenir, outre les indications prescrites par l'article 1er du présent règlement, la délibération des intéressés qui donne au syndicat pouvoir de contracter un emprunt soumis aux dispositions des lois des 17 juillet 1856 et 28 mai 1858.

Cette demande est instruite comme il est dit aux articles 2, 3 et 4.

Titre II. — Conditions des prêts et surveillance de l'administration sur l'exécution et sur l'entretien des travaux.

Art. 6. — Les fonds prêtés ne peuvent être employés qu'aux travaux de drainage ; le Crédit foncier doit s'assurer qu'ils reçoivent leur destination.

Art. 7. — Les travaux sont exécutés par l'emprunteur, sous la surveillance de l'administration.

Le montant du prêt est remis à l'emprunteur par à-comptes successifs, aux époques fixées et proportionnellement au degré d'avancement des travaux, constatés par l'ingénieur chargé de la surveillance, de manière que le solde ne soit versé qu'après leur exécution complète.

Art. 8. — L'ingénieur doit refuser le certificat nécessaire à l'emprunteur pour toucher tout ou partie du prêt, si les travaux sont mal exécutés.

En cas de réclamation contre le refus de l'ingénieur, il est statué par le préfet, qui suspend provisoirement, s'il y a lieu, le payement des termes de l'emprunt.

Si les travaux sont interrompus sans que l'emprunteur ait remboursé, le préfet peut autoriser la Société du Crédit foncier à faire exécuter, en son lieu et place, les travaux nécessaires pour rendre productive la dépense déjà faite jusqu'à concurrence des sommes à verser pour compléter le prêt ; le tout sans préjudice des actions à intenter par la Société du Crédit foncier devant les tribunaux civils, à raison de l'inexécution du contrat.

Art. 9. — L'entretien des travaux de drainage reste soumis au contrôle du Crédit foncier, jusqu'à l'entière libération de l'emprunteur.

Titre III. — Dispositions générales.

Art. 10. — Le département de l'agriculture, du commerce et des travaux publics supporte les frais de l'instruction administrative des demandes de prêts et de surveillance des travaux.

Les frais de l'expertise mentionnée dans l'article 6 de la loi du 17 juillet 1856, ceux de l'acte de prêt, de l'inscription du privilège et de l'hypothèque supplémentaire, dans le cas où elle a été requise, enfin le coût des mainlevées et de la quittance sont seuls à la charge de l'emprunteur.

Le montant est recouvré par le Crédit foncier, dans le cas où il en aurait fait l'avance.

Art. 11. — Nos ministres secrétaires d'Etat aux départements de l'agriculture, du commerce et des travaux publics et des finances, sont chargés, chacun en ce qui le concerne, de l'exécution du présent décret.

Règlement d'administration publique en vue de faciliter les opérations du drainage.

Ministère de l'agriculture, du commerce et des travaux publics. — Direction générale des ponts et chaussées et des chemins de fer. — Service hydraulique. — Drainage.

Circulaire n° 28.

Paris, le 2 octobre 1858.

Monsieur le préfet, j'ai l'honneur de vous adresser le règlement d'administration publique daté du 23 septembre dernier, et ayant pour objet d'assurer l'exécution du prêt de 100 millions, autorisé par la loi du 17 juillet 1856, en vue de faciliter les opérations du drainage. Le gouvernement ne pouvant trouver dans les ressources ordinaires du budget les capitaux dont il aurait besoin pour réaliser ces prêts, et voulant d'ailleurs éviter de recourir à l'emprunt, a cru devoir se substituer la Société du Crédit foncier de France, pour l'application de la loi de 1856, tout en se réservant le rôle de tutelle et de protection que cette loi assigne. Le traité passé avec la Société du Crédit foncier a été sanctionné, au point de vue financier, par la loi du 28 mai dernier, et, d'une manière générale, par le décret du 23 septembre 1858. Le décret du 23 septembre 1858 a pour objet d'assurer l'exécution des lois précitées de 1856 et de 1858. Il règle la forme et l'instruction des demandes de prêts, les conditions de ces prêts et la surveillance à exercer sur l'exécution et l'entretien des travaux.

Article 1er. — Aux termes de l'article 1er, les demandes de prêts doivent être adressées directement au ministère. Cette mesure est indispensable pour que je puisse, avec le concours de la commission supérieure du drainage, répartir entre les divers départements les fonds dont le Crédit foncier pourra disposer, dans la mesure du maximum arrêté chaque année par le pouvoir législatif. Ce maximum est porté à 10 millions pour les exercices 1858 et 1859 (art. 5 de la loi du 28 mai 1858).

Le même article du décret indique les justifications qui doivent être fournies à l'appui des demandes.

Vous remarquerez, monsieur le préfet, que cet article n'exige pas la production d'un projet de drainage. La rédaction préalable d'un projet de ce genre présente, en effet, de graves difficultés pour les propriétaires et il leur suffit le plus souvent, avant de présenter leur demande, de s'assurer, soit personnellement, soit avec les conseils de personnes expérimentées, que leurs terrains peuvent être utilement drainés.

Néanmoins, dans le cas où ils croiraient nécessaire de faire une étude plus complète des moyens d'améliorer leurs terrains, je vous rappellerai, monsieur le préfet, qu'une décision du 30 août 1854, insérée au *Moniteur*, donne aux propriétaires la faculté de s'adresser, par votre intermédiaire, aux agents de l'administration des travaux publics, pour faire procéder gratuitement, par leurs soins, à l'étude des projets de drainage.

Je ne puis que m'en référer, sur ce point, à ma circulaire du 27 février 1857, dont les dispositions continuent à être en vigueur.

L'article 1er dispose en outre que la demande doit énoncer la somme que le propriétaire veut emprunter et s'il y a lieu, celle pour laquelle il entend concourir à la dépense.

L'intervention des propriétaires dans la dépense des travaux de drainage est, sans doute, purement volontaire de leur part ; cependant le gouvernement désire que les prêts effectués avec le concours du Trésor public provoquent le plus grand nombre possible d'opérations de drainage. Aussi, sans perdre de vue qu'il s'agit de propager cet utile procédé et de le faire pénétrer dans les contrées où ses bons effets sont encore peu connus, l'administration est disposée à prendre en considération, dans la répartition des fonds disponibles, les efforts personnels de propriétaires qui concourent aux travaux par leurs propres ressources. L'article 12 de la loi du 13 brumaire an VII exige que toutes les pétitions adressées au ministre soient rédigées sur papier timbré. Cette disposition n'a pas été modifiée, en ce qui touche les demandes de prêts relatifs au drainage.

Toutefois, l'obligation du timbre ne me paraît pas devoir être étendue aux extraits de la matrice du plan cadastral qui doivent être joints à ces demandes. Vous voudrez bien, monsieur le préfet, si des demandes vous ont déjà été présentées, me les transmettre après les avoir fait régulariser, d'après les instructions qui précèdent.

Art. 2 et 3. — Les demandes de prêts adressées au ministre seront examinées par la commission supérieure du drainage. Celles qui, à la suite de cet examen, me paraîtraient devoir être prises en considération, seront envoyées directement à l'ingénieur en chef chargé du service hydraulique dans votre département. En prescrivant cet envoi direct, l'administration a eu en vue d'abréger autant que possible l'instruction des affaires ; mais c'est par votre intermédiaire, monsieur le préfet, et avec votre avis, que les rapports de messieurs les ingénieurs devront m'être adressés.

Un délai de quinzaine est fixé à l'ingénieur à l'effet de visiter les lieux et de procéder aux opérations et vérifications nécessaires pour apprécier l'utilité de l'entreprise. Comme il importe que toutes les questions préliminaires soient rapides, je désire que messieurs les ingénieurs n'excèdent pas ce délai. Un registre d'ordre, spécial aux affaires de drainage, devra être tenu par l'ingénieur chargé du service hydraulique, et la date d'arrivée de chaque demande y sera inscrite, ainsi que celle de la sortie.

Je vous prierai de vouloir bien de votre côté, monsieur le préfet, vous conformer aux dispositions du dernier paragraphe de l'article 3, en m'adressant vos propositions dans le délai de dix jours.

Art. 4. — L'application de l'article 4 rentre dans la mission du Crédit foncier, et je n'ai pas à vous en entretenir.

Art. 5. — Les observations relatives à l'article 1er du règlement sont applicables aux demandes formées par des syndicats de drainage. Mais il était nécessaire, dans ce cas, d'exiger l'accomplissement d'une formalité spéciale. En effet, les demandes tendent à engager hypothécairement et par privilège les immeubles compris dans l'association syndicale. Il est, dès lors, indispensable que chacun des intéressés, membre des associations, ait, par une délibération régulière, donné pouvoir au syndic de contracter un emprunt soumis aux dispositions des lois des 17 juillet 1856 et 28 mai 1858.

Je dois, au surplus, vous faire remarquer, monsieur le préfet, que par cela même que les associations de drainage sont, aux termes de l'article 3 de la loi du 10 juin 1854, assimilées aux associations de curage, les déclarations prises par ces associasions ne sont exécutoires qu'autant qu'elles ont été homologuées par vous.

Art. 6 et 7. — L'article 5 de la convention passée avec le Crédit foncier stipule formellement que le prêt de 100 millions que cette société s'oblige à effectuer au lieu et place de l'Etat sera exclusivement consacré à faciliter les opérations de drainage ; de là, l'obligation pour la Société du Crédit foncier de s'assurer que les fonds prêtés reçoivent réellement leur destination.

De son côté, le gouvernement, qui s'impose un sacrifice en vue d'un intérêt public, ne peut se départir d'une rigoureuse surveillance. Aussi le règlement exige que les fonds successifs, proportionnellement à l'avancement des travaux, constaté par l'ingénieur chargé de la surveillance, et que le solde ne soit versé qu'après l'exécution complète des ouvrages.

Pour satisfaire à cette disposition, l'ingénieur chargé du service hydraulique constatera l'avancement des travaux, délivrera des certificats dans la forme voulue pour les payements d'à-comptes aux entrepreneurs des travaux.

Art. 8. — Si les travaux sont mal exécutés, l'ingénieur doit refuser le certificat nécessaire à l'emprunteur pour toucher tout ou partie du prêt ; cette disposition est grave et il importe qu'elle soit appliquée avec une grande réserve. Le propriétaire doit rester le maître des moyens d'exécution à employer pour réaliser le drainage qu'il a projeté. Il ne suffirait pas que ces moyens parussent mal combinés ou défectueux, pour que le certificat de payement dût être refusé ; il faut qu'il soit bien démontré que les travaux sont menés de manière à compromettre le résultat définitif de l'opération.

La surveillance des travaux sera nécessairement déléguée en partie aux conducteurs et agents placés sous les ordres de l'ingénieur chargé du service hydraulique, néanmoins, celui-ci ne doit refuser un certificat d'à-compte qu'après une vérification directe et personnelle des travaux.

Le deuxième paragraphe de l'article 8 vous rend juge, monsieur le préfet, des réclamations qui s'élèveraient contre le refus des ingénieurs. De plus, si les travaux sont interrompus, vous pouvez en autoriser la continuation par les soins de la Société du Crédit foncier, afin de rendre productives les dépenses déjà faites.

Dans l'un ou l'autre cas, les intérêts des propriétaires sont gravement engagés ; ainsi je vous recommande, monsieur le préfet, de recueillir, avant de statuer, tous les renseignements propres à éclairer votre opinion, et notamment de prendre l'avis du chef de service, qui procédera, s'il y a lieu, à toutes les vérifications nécessaires.

Art. 9. — La surveillance de l'entretien des travaux de drainage est uniquement confiée à la Société du Crédit foncier jusqu'au remboursement du prêt, et l'administration n'a pas à y intervenir.

Art. 10. — L'article 10 n'exige aucune explication spéciale. Toutefois, je ne puis m'empêcher de vous faire remarquer, monsieur le préfet, l'esprit dans lequel il est conçu. Cet article complète, en faveur de l'agriculture, la décision impériale du 30 août 1854 ; il décide, en effet, que le Trésor supporte les frais tant de l'instruction administrative des demandes de prêt que de la surveillance prescrite par l'article 7 ci-dessus rappelé. Les seuls frais qui restent à la charge des emprunteurs sont ceux du contrat de prêt, ainsi que ceux qui ont un caractère judiciaire ou contentieux, et dans lesquels l'Etat ne pourrait intervenir.

Par l'ensemble de ces dispositions, Sa Majesté a voulu donner une nouvelle preuve de l'intérêt qu'elle attache à toutes les mesures qui tendent à développer les progrès de l'agriculture et le bien-être des populations. Ce n'est pas seulement, en effet, sur l'expérience des pays voisins, c'est aussi sur les résultats obtenus et constatés dans la plupart des départements de l'Empire qu'on peut apprécier aujourd'hui les heureux effets du drainage.

Dans un rapport récemment publié au *Moniteur* sur les utiles résultats des concours régionaux, j'ai constaté que la plupart des agriculteurs auxquels le jury a décerné la prime d'honneur, doivent leur succès à d'intelligents travaux de drainage.

Dans quarante-quatre départements, la moyenne des frais d'établissement de ces travaux a été par hectare de

265 francs, et la moyenne de la plus-value des terrains a été représentée pour l'année 1857, par une augmentation de revenu de 112 francs par hectare. On peut donc affirmer que le drainage avec son outillage spécial et la simplicité de ses méthodes, a résolu la double question de l'efficacité des moyens de dessèchement des terres et de l'économie dans la dépense.

Et comme il est démontré, par une observation constante, qu'en France les mauvaises récoltes sont généralement causées par la persistance des pluies, c'est-à-dire par l'excès d'humidité du sol, les encouragements accordés par le gouvernement aux opérations de drainage constituent la mesure la plus efficace pour accroître les produits agricoles.

Veuillez, monsieur le préfet, donner la plus grande publicité aux dispositions du décret du 23 septembre 1858 et le faire insérer dans le Bulletin des actes administratifs et dans les journaux de votre département.

Recevez, etc.

Le ministre de l'agriculture, du commerce et des travaux publics :

Signé : E. ROUHER.

Comme on le voit, les opérations de drainage et de dessèchement sont favorisées en France ; malheureusement les agriculteurs n'ent ont pas profité autant qu'ils auraient pu le faire.

Ajoutons, pour finir, que la destruction totale ou partielle des conduits d'eau ou fossés évacuateurs et autres travaux de drainage, est punie des peines portées à l'article 436 du Code pénal, et que tout obstacle apporté volontairement au libre écoulement des eaux est passible des peines portées à l'article 457 du même Code.

TABLE DES MATIÈRES

CHAPITRE V

FABRICATION DES TUYAUX

CHAPITRE VI

ÉTUDE PRÉLIMINAIRE D'UNE ENTREPRISE DE DRAINAGE

CHAPITRE VII

EXÉCUTION DES TRAVAUX SUR LE TERRAIN

CHAPITRE VIII

PRIX DE REVIENT DU DRAINAGE

CHAPITRE IX

DRAINAGES SPÉCIAUX

CHAPITRE X

FONCTIONNEMENT D'UN DRAINAGE COMPLET. — OBSTRUCTIONS DES DRAINS

CHAPITRE XI

EFFETS DU DRAINAGE

CHAPITRE XII (Appendice)

LÉGISLATION DU DRAINAGE

Laval. — Imprimerie et stéréotypie E. JAMIN, rue de la Paix, 41.

www.ingramcontent.com/pod-product-compliance
Ingram Content Group UK Ltd.
Pitfield, Milton Keynes, MK11 3LW, UK
UKHW022101260726
13993UKWH00001B/262

9 782329 265193